Quantum Memory
Power

Learn to Improve Your Memory
with the World Memory Champion

快速记忆

[英]
多米尼克·奥布莱恩
(Dominic O'Brien)
著
杨清波—译

中信出版集团 | 北京

图书在版编目（CIP）数据

快速记忆 /（英）多米尼克·奥布莱恩著；杨清波译 . -- 北京：中信出版社，2022.7
书名原文：Quantum Memory Power: Learn to Improve Your Memory with the World Memory Champion!
ISBN 978-7-5217-4169-8

Ⅰ.①快… Ⅱ.①多…②杨… Ⅲ.①记忆术 Ⅳ.①B842.3

中国版本图书馆 CIP 数据核字（2022）第 051654 号

Quantum Memory Power by Dominic O'Brien
Original English language edition published by Waterside Productions, Inc. Copyright © 2020 by Dominic O'Brien.
Simplified Chinese Characters-language edition Copyright © 2022 by CITIC Press Corporation.
All rights reserved. Copyright licensed by Waterside Productions, Inc., arranged with Andrew Nurnberg Associates International Limited.
本书仅限中国大陆地区发行销售

快速记忆
著者：　[英]多米尼克·奥布莱恩
译者：　杨清波
出版发行：中信出版集团股份有限公司
（北京市朝阳区惠新东街甲 4 号富盛大厦 2 座　邮编　100029）
承印者：　北京盛通印刷股份有限公司

开本：880mm×1230mm 1/32　印张：6.25　字数：139 千字
版次：2022 年 7 月第 1 版　印次：2022 年 7 月第 1 次印刷
京权图字：01-2021-3582　书号：ISBN 978-7-5217-4169-8
定价：58.00 元

版权所有·侵权必究
如有印刷、装订问题，本公司负责调换。
服务热线：400-600-8099
投稿邮箱：author@citicpub.com

目 录

前　言　　　　　　　　　　　　　　　　　　　Ⅲ

第 1 章　是时候进行健脑运动了　　　　　　　001

第 2 章　强大记忆力的三个关键　　　　　　　007

第 3 章　旅行记忆法　　　　　　　　　　　　015

第 4 章　复习与回顾　　　　　　　　　　　　023

第 5 章　把关联法和旅行法结合起来　　　　　026

第 6 章　如何记住名字或面孔　　　　　　　　032

第 7 章　多米尼克玩的问答游戏　　　　　　　047

第 8 章　多米尼克系统　　　　　　　　　　　058

第 9 章	克服你最大的恐惧	074
第 10 章	一次包含 31 个阶段的旅行	089
第 11 章	词汇记忆	110
第 12 章	记忆日期的秘密	131
第 13 章	参照物	141
第 14 章	大脑与记忆	153
第 15 章	第一次高级测试	163
第 16 章	时间旅行	168
第 17 章	记忆纸牌	172
第 18 章	成为智力运动明星	184
第 19 章	结语	190

前 言

多米尼克·奥布莱恩并非天生就拥有异于寻常的记忆力。诚然，他曾8次荣获世界记忆锦标赛的冠军，目前依然是资深的世界记忆大师，并且创造了吉尼斯世界纪录：每张纸牌只看一眼就能记住54副扑克牌（除去大小王共2 808张纸牌）的排列顺序。他能在不到1小时的时间里记住2 000个数字的随机排列顺序。他经常出现在电视节目中，展示记忆各种事物的能力，比如购物清单、现场所有观众的名字与面孔等。

多米尼克之所以能够取得如此辉煌的成绩，是因为他训练了自己的大脑。也就是说，他能做到的，你也能做到。本书介绍了多种行之有效的记忆技巧、方法和策略。书中的每一种方法都是多米尼克根据自己的亲身体验与得失总结出来的，而且他还改进了其中有效的方法，摒弃了低效甚至无效的方法。如此一来，这种高效的"多米尼克系统"就能帮助你开发自己未曾意识到的巨大记忆潜能。

通过阅读本书，你将学会记忆名字、面孔、数字、生日、年代、约会日期、演讲内容，以及你想记住的任何数字排序。记忆潜能一旦得到开发，记忆能力就会突破限制，人们就会记住任何种类的海量信息。针对本书提供的每一种有效的记忆技巧，你都将得到实际应用和练习的机会，以测试并提高你在各个领域的记忆能力。

通过阅读本书，你将在开发自己特有的巨大记忆潜能的过程中，以自己从未想象过的方式运用你的想象力和创造力，提高记忆速度，提升记忆的准确性，增强自信心。你不仅能学会如何培养强大的记忆力，还能提高能力，增强信心。

通过阅读本书，你将了解大脑的工作原理，学会如何提高自己的决策能力，如何记住方位，如何培养高度的专注力。事实上，你将学会几乎所有事情，其中既包括如何从竞争激烈的职场面试中脱颖而出，又包括如何构建大脑事实档案。

你即将踏上一段终生难忘的旅程，也许之前你从未意识到学习竟然如此有趣。但说不定有朝一日，你会在下一届世界记忆锦标赛中直面多米尼克，向他发起挑战。

第 1 章

是时候进行健脑运动了

从现在开始,我们将一起开发你巨大的记忆潜能,解锁连你自己都不知道的你所拥有的强大记忆能力。

你是否希望自己能够记住每天见到的名字和面孔,并将其存储到你的记忆中?你是否希望这种记忆不是只保留几天或几周,而是经年累月长期不忘?

从现在开始,我将带你开始学习各种记忆方法,向你传授一种新的语言——数字语言,这样你就能够记住任何数字,比如年份、生日、约会日期、电话号码等。我在这里所说的数字都是较大的数字,比如 50 位、100 位,甚至 1 000 位以上的数字。

你是否希望自己根本不用看笔记、全凭记忆就能够发表长篇演讲?我将教你如何做到这一点。此外,我还将教你如何记住引述、逸事、笑话和资料,从而打动无动于衷的观众。

想象一下这种情形:在看报纸或杂志时,你能记住其中的每一个细节,甚至可以在任何一页上精确地找出每一个细节,从而给你的家人和朋友留下深刻的印象。

你是否希望自己能够准确地说出 20 世纪的任何一天是星期几？不只是 20 世纪，还包括未来或过去的任何一天。通过学习，你只需几秒钟就能做到这一点。

我将教你快速学习的秘诀。也许你是一名学生，或者你的孩子在学校学习。我将教你学习方法，这样你就能轻松地掌握知识，学会新单词，再也不会犯拼写错误。我甚至会教你如何学习第二门外语词汇。而这一切，仅仅是入门级的记忆技巧。

在本书的重点章节，我将教你如何控制自己的脑电波，教你如何控制你的左脑和右脑。你可能会在不知不觉中成为像爱因斯坦一样聪明的人。我甚至会教你如何记忆纸牌，不是记忆一副，而是同时记忆几副。总之，我要培养你，让你凭借自己的能力成为记忆冠军。

我相信，此时此刻，你可能在想："嗯，这家伙说不定真能教我一招半式，不过我敢打赌他一定是天生就有一个非常特殊的大脑，也许他有过目不忘的能力。"

你如果这样想，就大错特错了。事实上，上学期间我被认为患有"阅读障碍症"，16 岁时就辍学了。你可以看一看我小时候获得的学习评语："计算速度极慢，注意力不集中，经常无法复述问题。"当时我 9 岁半，班里有 22 名学生，我的成绩排在第 19 名。

再看下面这则评语："算数时精神恍惚，常常梦游，无法集中精力。"当时我 10 岁多一点儿，班里有 23 名学生，我的成绩排在第 17 名。

我最喜欢的是下面这则评语："地理课上不够专心，对宇宙的了解可能多于对地球的了解。"

单从这些学习评语来看，你很难想象这样一名无可救药的学生会成为未来的记忆冠军。直到 1987 年，当我在电视上看到一个人记忆一副纸牌时，我对自己记忆力的看法才发生了改变。

在世界记忆锦标赛上，参赛选手需要听主持人以每秒 1 位数的速度读一个 200 位数的数字，在出错前记住的数位最多的人就是冠军。换句话说，比赛采用的是"突然死亡法"。当年我能记住前 128 位数字，现在你也可以做到。

世界记忆锦标赛

下面简单介绍一下世界记忆锦标赛的相关情况。该项赛事开始于 1991 年，从那之后参赛人数一直在增长。参赛选手都是来自各国的记忆冠军，其中包括美国冠军、德国冠军、马来西亚冠军、英国冠军、爱尔兰冠军、土耳其冠军等。每个国家的顶尖选手每年齐聚伦敦，参加世界记忆锦标赛。

比赛在星期四上午举行，共有 10 个比赛项目，第一个项目就是记忆数字。参赛选手共有 400 人，大家都坐好之后，每人面前有一个数字。我们要在 1 小时内记住这个数字。你可能会产生疑问：这有何难？但这个数字有 3 000 位，而且是随机生成的。你必须像看书一样仔细读这个数字，记住的数字位数越多越好。

比赛规定了处罚规则：在第一页上，一共有 25 行数字，每行 40 位。如果你在第一行出现一处错误，就会被罚掉 20 位；如果出现两个或两个以上错误，这一整行就全部作废。在上一次的比赛中，我试着记住 1 820 位，除去被罚掉的位数，我的最好成绩是 1 780 位。

在接下来的比赛中，你需要在 15 分钟之内记住 100 个自己从未见过的人的名字和面孔，需要背诵一首有 500 个单词的诗，需要在一个小时之内记住尽可能多的扑克牌。我通常会尝试记忆 20 副以上的扑克牌。在这次比赛中，我最终记住了 18.5 副扑克牌。其中还有一项比较奇特的比赛：选手需要在半个小时内记住 3 000 个二进制数字。在全部比赛项目中，记住的信息最多的人就可以赢得锦标赛冠军。

看到这里，你可能会想：这家伙真够可怜的，他应该多出去玩一玩才对。你可能会以为我整天只是坐在那里盯着一大堆数字，整天摆弄扑克牌。事实上，除了锦标赛前进行训练的那几个月，我并非像你想象的那样整天待在家里摆弄数字和扑克牌。

人们经常问我："费那么大力气记住一个 2 385 位的二进制数字有什么意义？这一点儿用都没有，对吧？"

对此我通常给出这样的解释：为什么 22 个彪形大汉想要把足球从球场的一端踢到球场另一端的球门里？为什么一个成年男子或成年女子想要从山顶把一个小白球打到 300 码[①]远的球场另一端的一个小锡杯里？这听起来也没有任何意义，对不对？这对生存来说几乎毫无用处。上床睡觉的时候，你不会对自己的妻子说："放心吧，亲爱的，可以睡觉了。猫进不来的，火警警报打开了，足球在球门里面。"

我们不需要那样生存。重点不在于足球是否在球门里面，而在于它是如何入网的。这展现的是魅力、技巧与艺术，其背后有一个

---

① 1 码 = 0.914 4 米。——编者注

完整的产业链。

我头脑中一副牌的顺序不是重点，重点是如何记住纸牌的顺序。它不仅博人眼球，而且是一种极其有益的技能。不妨现在就思考一下：假如你有这种技能，你能用它做什么？我会把这种技能教给你。

这种技能会产生一些其他的作用，不过都是积极的。你的注意力会开始变得越来越集中，你会发现，随着记忆力的增强，你的信心会增加，压力水平会下降，观察力会更敏锐，你会变得更有创造力和想象力。要想掌握这种技能，你只需要每天练习几分钟，不一定非得顶级科学家才能做到。

几年前，在撰写我的第一本关于记忆的书时，我想为我开发的技术和系统申请专利，因为我相信它们是提高记忆力最有效的方法。结果，当发现有人比我更早进行这方面研究时，我感到很震惊。事实上，我的研究已经晚了2 000多年。我发现，2 000多年前的希腊人已经掌握了非常相似的技术，因为他们当时生活在口述文明时期，没有纸，只有一些粗糙的莎草纸和羊皮纸。如果想让文明延续下来，他们就必须使用口耳相传的方法。这就要求当时的人拥有极好的记忆力。如果没有这种记忆力，他们就不得不使用人工设备来详细记录战争故事和政治活动。当时，他们可以口若悬河、滔滔不绝地连续讲述几个小时，他们使用的技术被称为"记忆术"。

当时，希腊人拥有一批世界上最伟大的智者。从那之后，纸开始出现，印刷机也出现了。如今，我们有世界上最大的图书馆——互联网，所以很多知识不需要存储在我们的大脑里。

我不想回到古希腊时代，因为我很高兴我们能通过计算机、互联网和其他所有手段获得大量的知识,但也许现在这种获取知识的高效性是以牺牲头脑的敏锐性为代价的。我们不再需要像以往那样绞尽脑汁地记忆和背诵。

大家是否注意到,在过去的二三十年里,健身视频的数量与日俱增。演员和运动员都在源源不断地拍摄健身视频。人们意识到,要想保持年轻、健康和快乐,首先要照顾好我们的身体。这个建议非常棒,我也渴望自己的体重能减掉几磅①。我们不一定会听从这个建议,但至少我们知道它。政府也在加强这方面的宣传:"为什么不每天锻炼半小时呢?比如出门遛狗、骑车上班、不开车。总之,要让自己动起来、喘起来!"

我认为政府应该开展另外一项健康运动,鼓励我们每天进行半小时(或者哪怕10分钟)脑力锻炼,让我们的大脑稍微活动一下。

我将在本书中给大家提供很多这样的锻炼机会,你可以把本书当作锻炼大脑的训练手册,把我当成你的私人记忆健身教练。

---

① 1磅 ≈ 0.453 6千克。——编者注

第 2 章

强大记忆力的三个关键

我要向大家展示的技术、方法和策略在我看来无可匹敌,因为毕竟我需要的是能让我赢得世界记忆锦标赛冠军的"干货"。

我设计的每一种方法都来自我自己的实践。我保留并完善了其中有效的方法,摒弃了低效及无效的方法,因此可以说这些方法是自然选择的结果。如果说我有那么一点点不情愿,不愿意透露这些技巧,那么可能是因为我担心你会成为在世界记忆锦标赛上用这些技巧打败我的人。如果你真的打败了我,那么我希望你至少能在颁奖典礼上承认这一点。

首先,我需要知道你现在的记忆广度(短期记忆能力),这样我们就可以把它和提高后的结果进行比较。下面我将对大家做几个非常简单的测试。

我将给你 10 个词语,你需要按顺序记住尽可能多的词语,直到出现错误为止。也许你不会犯错。

请准备好纸和笔。首先,仔细阅读下面的词语:

沙子	绳子
手电筒	纸牌
浴缸	狮子
足球	河流
小矮人	目标

现在合上书,尽可能多地写下记住的词。写完之后,再打开书,对比一下上面列出的词,看看自己写对了多少。

把结果记下来,即使有错误也没关系。也许你只写对了一个,但是,我敢肯定,到本课程结束时,你会把这 10 个词都写对,无论是按照顺序还是按照倒序。

我们还有一个关于数字的测试。这里有 14 个数字:6、8、0、2、8、6、0、8、9、1、7、4、3、5。

再次准备好纸和笔,仔细读一下列出的数字,尽可能多地记住。然后合上书,按正确的顺序写下你记得的数字。

你记得多少数字?也许第二个数字就写错了,如果是这样,那么你的得分为 1(因为你只按顺序写对了一个数字)。

我们并不是在追求十全十美,我也不指望你能记住所有目标。这是你做的第一个练习。就像未被充分利用的肌肉一样,你的大脑一开始肯定会感到有点儿僵硬,但我让你做这个练习是为了让你轻松进入课程学习。

学完大约 1/4 的课程之后,你会发现所有这些练习都像你的第二天性,学习起来不费吹灰之力,所以即使现在做得一团糟,你也不要失望。

联想、定位和想象（ALI）

接下来我将向你介绍培养惊人记忆力的三个关键因素，你将在整个课程中使用它们。这三个关键因素是联想（association）、定位（location）和想象（imagination）。

现在马上对你进行第一次记忆力测试。你将如何记住这三个因素？如果你记下每个单词的第一个字母，那么你记住的是 ALI。不妨想一下拳王穆罕默德·阿里（Muhammad Ali），他曾经说："我是最棒的。"而联想、定位和想象（ALI）也是最棒的记忆方法。

让我们从联想开始，因为联想是记忆的第一把金钥匙。如果我说钥匙，你就会想到门；如果我说滑雪，你就会想到雪人；如果我说雪人，你就会想到圣诞节；等等。如果我说泰格·伍兹呢？那么你会想到高尔夫球。当然，你也可能会想到莫妮卡·莱温斯基。不管怎么说，这都说明你明白了联想的含义。

联想之所以有效，是因为在我们的头脑中，每件事物都与其他事物相联系。我们识别事物的依据不是词典里的定义，而是与它们相联系的事物。如果我说自行车，那么你不会突然想到，那是一辆有两个轮子的车，一个在另一个的正前方，由踏板驱动。你不会这样想的，你会想到1 001个其他事物，比如你第一次骑自行车的情形，收到的自行车生日礼物，发生的一次自行车事故，自己第一次尝试骑自行车的情形，等等。我能想到的是，在我7岁那年，我得到的生日礼物是一辆漂亮的红色自行车。总之，除了词典里的定义，你可能会想到任何事。

联想是记忆运作的机制，是记忆得以运转的齿轮和轮子、螺母和螺栓，我们将大量使用这种方法。

下面我们进行第一个练习。我将给你三对儿词语或物品，需要你在每个词语或物品之间建立起一种联系。这种联系不一定是现成的，所以你可能需要自己寻找。例如，我说袋鼠和杰作，你将如何把这两个词语联系起来？

这需要一点儿创造力。或许你会想到一幅杰作：一张袋鼠画像。大多数人都会这么想，但我希望你更有创意，跳出常规思维。

现在我给你三对儿词语，看看你能不能把它们联系起来。马上开始，第一对儿词语是自行车和仓鼠，第二对儿是气球和潜艇，最后一对儿是棕榈树和巧克力。

如果我问你哪个词和仓鼠有关，那么你要回答"自行车"。如果我说气球，你需要想到什么？答案是潜艇。如果我说巧克力，你需要看到什么？答案是棕榈树。

很简单，对不对？尽管每对儿词语之间没有直接的联系，但要在它们之间人为制造出某种联系并不是那么困难。

从现在开始，我希望你能习惯于联想，必须记住最先进入你脑海中的东西，因为这些东西是最可靠的。

今天早上我在做填字游戏，根据提示，答案由一个5个字母的单词和一个4个字母的单词组成，字面解释是"辛苦劳作，劳作时被锁链锁在一起"。当时我立刻想到了link（连接）、chain（束缚）这两个单词，然后想出了最终的答案：chain gang（过去在美国用铁链锁在一起做工的囚犯）。因此，你可能会注意到，如果你开始放松记忆的齿轮，并习惯于联想，那么这将有助于你处理填字游戏之类的事情。

记忆的第二把金钥匙是定位。位置就像记忆的地图，它是你访问所有存储的记忆时要查看的地方。举个例子，如果我让你把你昨天所做的一切都按顺序告诉我，那么你一开始会做什么？你脑子里会想什么？你得想一下自己当时所在的位置，只有这样才能按顺序有条不紊地讲述你的经历。

我们再增加一点儿难度。如果我问你，上个星期这个时候你做什么了？此时你真的需要开始回忆自己当时所处的地点了。我们生活在三维世界里，无法把我们的过去和当时所处的地点分开。

自从开始开发这些技术，我一直在研究其他作者的作品。他们似乎漏掉了对位置的使用这一点，但这确实是希腊记忆方法中的常规手段。

记忆的第三把金钥匙，可能也是最重要的，是想象。我称之为"记忆的燃料"。我们都有想象力，尽管有些人的想象力比其他人更疯狂。你如果觉得自己缺乏想象力，就回想一下你小时候在花园里玩的过家家吧。当时你的脑子里不是充满了各种奇思妙想吗？

在这门课程中，你需要大量富有创造性的想象。有些人可能认为自己没有想象力，不能像其他人那样快速产生想法。但我们并不是在学习如何创造，也无法教会别人如何想象。我们只是在鼓励大家重拾我们之前的想象力。

我认为，在我们的生活中，我们都被过早地教育要成长，要理智，就像那句经典的影视剧台词——欢迎来到现实世界，而这往往会扼杀创造力。幸运的是，我没有放弃我的创造力和想象力，不过这也可能是我学习成绩下降的原因。

我一直拥有丰富的想象力，但我从来没有意识到，想象力对于培养惊人的记忆能力如此重要。你已经具备了非凡的想象力：只要想想你在夜里做的那些不可思议的梦就能证明这一点。从现在开始，你将以你从未想象过的方式运用你的想象力。

关联法

我们开始介绍第一种方法：如何按照顺序记忆目标列表。这种方法被称为"关联法"，有时也被称为"故事法"。

我们继续使用上面我给你的列表，但是这次，我们要用一个故事把这些词联系起来。

我们再看一遍这个词语列表：

沙子	绳子
手电筒	纸牌
浴缸	狮子
足球	河流
小矮人	目标

为了记住这些词，我们要在一个故事中把这些词联系起来。试着想象一下故事中的各种场景。在我讲述这个小故事的时候，感受一下这些场景，并且把你自己也置于场景之中。

想象一下自己正沿着沙滩散步。沙子是第一个词。感受一下温暖的沙子从脚趾间渗出。前面不远处出现一束光。光是从哪里来的？

光是从一个插在沙子里的手电筒里发出的。你走向手电筒,捡起来照了照,照到远处一个白色的物体上。走近后你发现那原来是个浴缸,也就是词语列表中的下一个词。

你走向浴缸,发现里面有一个大大的足球。你从浴缸中拿起足球,一脚踢飞,结果足球落在远处的一个小矮人身上。这时,只要记住这个小矮人身上写着的号码"5",你就可以记住它是词语列表中的第5个词。

你走到小矮人面前,发现他身上系了一根绳子。这时,你的好奇心太强,于是你开始拽动绳子,顺着绳子一路走去,结果找到一张纸牌,这是词语列表中的第7个词。为了记住这一点,你可以设想这张纸牌很大,它的长度跟你的身高差不多,它是扑克牌中的梅花7。

随后,这张纸牌变成了一扇门,打开门之后,你看到一头狮子,也许狮子正在玩纸牌游戏。狮子对你的到来非常惊讶,于是一下子跳了出来,落到河流里。现在想象一下河水流向远处的一个点,远处的那个点就是目标。

现在,利用刚才那种强大而丰富的想象力,再回顾一下这个故事,看看你能不能记住这些事物。让我先问你一个问题:词语列表中的第7个词是什么?应该是一张纸牌,也就是那张梅花7,对不对?如果我问你:第5个词是什么?你肯定知道那是小矮人。下面我们完整回顾一下整个词语列表。

故事中发生的第一件事是什么?你在沙滩上散步,脚趾间有东西,那一定是沙子。然后你发现了什么?一束光,那一定是手电筒。你拿起手电筒,照在远处一个白色物体上。那是什么?是个浴缸。

浴缸里有什么？一个大大的足球。你捡起足球，一脚踢走，足球落在一个小矮人身上。小矮人身上系着什么？一根绳子。

然后你拉动绳子，顺着绳子你发现了什么？发现了那张纸牌梅花7，然后纸牌变成一扇门，你打开门，看见里面有一头狮子。狮子被你吓了一跳，一下子窜到哪里去了？狮子跳进了河流，河水流向远处的一个点，那里是一个目标。

你突然发现，因为你运用了想象力和联想，所以你可以把这些词联系起来，把它们融入一个故事。你甚至可以按倒序记忆这些词，因为你只需要把故事颠倒过来就可以了。按照倒序，这些词应当是目标、河流、狮子、纸牌……

如果你以前从未买过关于记忆训练的书，那么你可能会想："嗯，这个记忆列表清单的方法的确不错。"但是如果你读过关于记忆的书，你就可能会想："我早就知道这种方法了，我想寻找的是与此不同的记忆技巧。"

很多人都在使用这种方法，其中包括培训师、主持人、魔术师，以及各种有记忆需要的人。这种方法确实有用，我偶尔也会用到，但你真的认为当我试图在30秒内记住52张扑克牌时，我有足够的时间构思一个故事吗？绝对没有时间。我只想尽快看到每张纸牌并记住它，根本没有时间进行这样的关联。

所以，刚才我只是带你做了一个热身练习，以便让你轻松进入下一个方法，也就是"旅行记忆法"，你将在第3章学到这种方法。也许你刚才仅仅用故事法就记住了列表中的10个词语，但是这表明，你一旦开始采用联想手段，发挥自己的想象力，你的记忆能力就会增强，你就可以开始培养自己超强的记忆能力了。

第 3 章

旅行记忆法

在这一章，我将教你一种记忆信息列表的有效方法。信息列表可以包含任何东西，从购物清单到元素周期表中的元素。

首先，我想让你回到 1987 年，因为那是我人生发生改变的时候。在那之前，如果你给我一个 10 位数的数字，那么我大约只能记住其中的六七位。至于纸牌，我大概只能按顺序记住 4 到 5 张。因此你可能会问：在 1987 年，究竟发生了什么，改变了这一切？

有一天，我在看电视的时候，看到了一个了不起的人，他叫克赖顿·卡韦洛，正在参加一档名为《破纪录者》的节目。他试图记住一副扑克牌的顺序，结果他在不到 3 分钟的时间内就完成了这一壮举。

假如当时不是亲眼见到这一幕，我根本就不会认为这是人类能做到的，因为纸牌是一张一张发出去的。我当时想："他肯定不是真的过目不忘。他肯定有一种方法，能把纸牌互相联系起来。"但现在想想，当时我真应该更相信他天赋异禀。

于是，我拿着一副扑克牌回到房间，决定自己试一试，结果我最多只能连续记住四五张纸牌，这让我不禁陷入沉思。之前我听说过用编故事的方法进行记忆，就像我在第2章中介绍的那样；也听说过符号记忆术，所以我决定给纸牌一个符号，但是我怀疑克赖顿在这里耍了一点儿小手段，也许他在利用自己的身体存储信息。也许他有一套系统的方法：如果第一张牌是梅花2，他就会把左脚移到两点钟位置；如果下一张牌是方块3，他就会把右脚移到三点钟位置，这样他就会借助自己的身体逐渐记住纸牌。他每看一张牌，身体的某个部位就得动一下。思考一下就会发现这是不可能的，因为，要想以这种方式记住52张牌，他需要让身体的某个部位移动52次！

所以我排除了这种可能性。然后我想：也许这里面包含了某种数学原理，说不定他用了某种计算方法。但到目前为止还没有人想出此类方法。当时我真应该多思考一下人类的直觉和记忆能力。

最近我去苏丹喀土穆出差，无所事事地坐在苏丹俱乐部等待商务人员的到来（但他们一直没来）。在那5个星期里，我熟悉了苏丹俱乐部的布局，对餐厅、游泳池、壁球场等场所的布局了如指掌。

我想，如果我把每张纸牌都变成一个人或一个物体，我就可以想象他们闲坐在游泳池中或餐厅里，从而把他们联系起来。然后我想：如果是这样，那么可能显得有点儿拥挤，不是吗？如果52个物体（或者52个人）都聚集到一个大派对上，那么我怎样才能把顺序弄对呢？

然后，我脑子中灵光乍现：我为什么不安排他们去旅行呢？在喀土穆市周围，规划一次包括52个站点或52个阶段的旅行，然后步行穿过其中，把每张纸牌都想象成一个人或一个物体。对，就是这样的！简直是"踏破铁鞋无觅处，得来全不费功夫"！我的"旅行记忆法"就是这样得来的。

这也是我想让你做的。我不要求你从一开始就去记忆任何东西，你只需要围绕你的房子规划出你自己的旅行。可以从你早上醒来的地方，也就是你的卧室开始，这可以作为第一个阶段。接下来你要去哪里？你可能会去厕所，那就是第二个阶段。其他房间是第三个阶段，第四个阶段是楼梯……

我不知道你的房子是什么样子的，所以你要自己规划这段旅行，但只需要用手指数出10个阶段就可以了。

你如果真的想最大限度地利用这一点，就闭上眼睛想象整个旅行，因为这样可以避免分心。每当我在记录信息或记忆一串口述的数字时，我总是闭着眼睛。试着闭上眼睛，因为这样可以让你免受外界干扰，而且能帮助你集中精力，专注于接收到的信息。

想象自己正漂浮在房子里，感受一下房子的气息，就好像你现在就在那里，看着所有熟悉的小摆设。慢慢用手指数出10个阶段。如果房间数量不够，就到院子里去，也许可以把房门算作其中一个阶段。如果算上院子也不够，就到街上或邻居的房子里。这其实并不重要，重要的是要在整个旅行过程中保持一定的顺序。你不会从卧室直接跳到花园的小屋里再回到楼上的浴室（除非你喝多了）。

准备好10个阶段之后，我们就可以开始实施旅行记忆法了。最重要的一点是，你要确定这些阶段的顺序。所以你一定要安排好这次旅行，而最好的办法就是放下本书。等安排好所有阶段之后，再把它打开。

如果你准备好了 10 个阶段，我就开始提供对应信息了。我必须首先阐明一点，这不是在进行记忆测试，而是在展示想象力，所以不要刻意地想要记住什么。我要你做的就是运用你活跃的想象力，想象各种各样的画面。

我所说的想象，不仅仅是指在你的头脑中形成图像。你还要运用你所有的大脑皮质技能，运用你所有的感官，包括视觉、听觉、嗅觉、味觉和触觉。你还要尝试引入动作，利用夸张、幽默以及任何你喜欢的东西，让你的想象力发挥作用。

现在，我们开始旅行，其间我会给你们提供一些物体。我们从第一个阶段开始，现在你在你的卧室里。我要给你的第一个物体是钱包。

现在，请使用夸张的手法想象这个钱包。它是什么样子的？放在哪里？它可能是个很大的钱包，鼓鼓的，装满了钱，就放在你的床头。试着把这些都想象出来。钱包是用什么做的，是用皮革做的吗？你能闻到皮革的味道吗？这时你可以使用你的感官。

接下来，放下钱包，进入第二个阶段，去哪里都可以，你可以去浴室。第二个物体是蛇。也许你讨厌蛇，但放在这里的物体就是蛇，也许它就在浴缸里。这条蛇是什么样子的？想象蛇的颜色。蛇身上是黏糊糊的吗？想象一下此时的情景，可以使用动作、夸张等手法。

现在进入这次旅行的第三个阶段，你可以去你家里其余的房间。这个阶段的物体是螺丝刀。请使用夸张的手法，把它想象成一把超大号的螺丝刀，想象出它在房间里的位置，然后推理：它为什么会在那里？也许你正在那个房间里做一些修理工作。这把螺丝刀的手柄是什么颜色的？也许是黄黑相间的条纹。

做得不错，非常顺利。接下来，放下螺丝刀，继续下一阶段的旅行。这次给出的词是桃子。想象一下，此时你站在家中的某个地方，眼前放着一个巨大的桃子。拿起桃子掂一掂，估测一下它的重量。想象你咬了一口，也许桃子表皮上有一些绒毛。这个桃子新鲜吗？有没有被挤压？味道怎么样？再强调一下，一定要运用你所有的感官。

放下桃子，进入下一阶段，这次我想让你记住，这是第五个阶段。我提供的物体是鼓，很显然，这次你要使用听觉。想象一下，你拿起一根棍子开始敲鼓。鼓声有多大？会打扰到邻居吗？鼓在房间的什么位置？

同样，你还需要运用你所有的感官，敲敲鼓，摸摸鼓，并记住这是第五个阶段。到此为止，你已经完成旅行的一半了。

现在进入下一阶段的旅行。这里给出的词是书。也许你现在在院子里。为什么院子里会出现一本书？这是一本什么样的书？是精装书还是平装书？封面是什么颜色的？书名是什么？

把书放下，进入下一阶段。这次我让你想象一架钢琴。也许你会弹钢琴，也许一个著名的钢琴家（比如李伯拉斯）正在弹钢琴。他来你家做什么？此时你要运用听觉，想象一下他演奏的是什么音乐。

现在进入下一阶段，我们快到此次旅行的终点了。这次我让你想象一只山羊。看着前面的山羊，走近它，摸摸它，感受一下这种感觉。羊毛很柔软吗？山羊会发出声音吗？它在咀嚼吗？它是什么颜色的？它在做什么？它为什么会在那里？这里也需要运用逻辑进行推理。

现在，放下山羊，进入旅行的下一阶段。这一次，你看到的是一面镜子。你在镜子里看到了什么？镜子为什么会在那里？镜子上有裂纹吗？是你让它裂开的吗？

最后，我们进入此次旅行的最后一个阶段，这次你看到的是一个巨型舱体。它到底是什么东西呢？是军用坦克还是水箱？我让你自己来决定。

做得不错，你终于结束了此次旅行。正如我在一开始所说的，这个活动旨在展示想象力，而不是测试记忆力。但我还说过，记忆的三个关键因素是想象、联想和定位。我敢肯定，你如果把这三种因素都用上了，就能回忆起这10个物体了。（即使一开始你做不到也不用担心，我们会让你轻松做到。）

现在回到此次旅行的第一个阶段。当时你在哪里？你在卧室里。床头上有一个物体，它是什么？也许是用皮革做的钱包，里面塞满了钱。

然后我们进入了下一阶段。地点可能是浴室，浴缸里面好像有一个物体，它是什么？是个黏糊糊的东西，对了，它是一条蛇。记忆力还不错，太棒了。

然后进入下一阶段，那个地方有什么？这个物体也许跟你在房间里做的修理工作有关。对了，是螺丝刀。

继续进入下一阶段，放在这个地方的物体与你尝过的东西有关，没错，是桃子。太棒了。

继续进入下一阶段，放在这个地方的物体与听觉有关，当时你好像还担心会打扰到邻居。想起来了，是一个大鼓。这是旅行的哪个阶段呢？你还记得当时我说要注意旅行刚好过半吗？所以这应该是此次旅行的第五个阶段。

让我们继续下一个阶段。不管此时你在哪里，你都在读什么东西。没错，放在这个地方的物体是一本书。

来到下一个阶段。谁在那里？钢琴家李伯拉斯。他在那里做什么？他在弹钢琴。

放下李伯拉斯，我们继续进入下一个阶段。你看到了什么？提示一下：你看到了一个动物。没错，就是山羊。

我们马上就快结束此次旅行了。下一个阶段的物体和你有关。没错，是镜子。

最后一个阶段里面的物体是什么呢？那个舱体到底是军用坦克还是水箱？

你的表现如何？也许有几个单词你没有想起来，即便如此，你也不用担心。这只是说明你的想象力不够丰富，想象出的场景不够刺激。要想解决这个问题，只需从头开始，回顾每一个场景。或者，如果你愿意，你可以重新想象一次。我想表达的意思是：影片有问题不要怪放映员。你只需从头开始，更换几幅想象出来的画面，重新想象一下当时的场景。

你有没有注意到，这次旅行完美地保持了这些物体的出场顺序。因此，如果我问你："第六个物体是什么？"你只需回顾一下旅行过程就能想起来。你已经知道第五个阶段所处的位置，所以只要进入下一个阶段就能想起第六个物体，也就是书。我们也可以逆向旅行。我问你："蛇排在清单中的第几位？"你只需回想 1 分钟：

第 3 章　旅行记忆法　　021

第一个物体是钱包，然后你来到浴室，所以蛇应当排在清单中的第二位。

事实上，通过旅行记忆法，你可以轻松地颠倒这些物体的顺序，只要逆序旅行即可。比如，最后一个物体是什么？你一思考就知道它是舱体，然后，按照倒序，依次是镜子、山羊、钢琴、书等。

由此我们可以看到，记忆的三个关键因素配合得天衣无缝。你在这一过程中运用了很多想象；你通过联想把这些物体联系到一起，对其进行夸张的想象；你把它们置于不同场所，进行定位。这样，可以使这三种因素共同发挥作用。这就是你可以利用它们产生良好效果的原因。

很显然，这一过程能带来很多实际的好处，也能很好地锻炼你的整个大脑。我们会在后面的章节讨论大脑的功能。

我建议你做个试验：你可以让你的家人或朋友随意列出一份包含10个物体的清单，让他们慢慢地说出这些物体的名称，然后看看你能否记住它们，或者把其中的每一个物体都安排在一次旅行中。

当然，熟能生巧，记忆速度可以随着练习而提高。练习一段时间之后，你会惊讶地发现这是很容易做到的。你可能不再局限于10个物体，而是试着记忆20个、30个、50个，或者100个物体。这些都是旅行记忆法的好处。

第 4 章

复习与回顾

现在你已经掌握了记忆的窍门，并且有着丰富的想象力，能成功地将枯燥无味、难以理解的数据转化为意义深远、丰富多彩、令人难忘的图像。但此时你可能提出这样一个问题："这些东西会在我的大脑里停留多久？"

以这种方式使用图像帮助记忆非常有效，但要想巩固记忆，真正将其长时间牢牢记住，你必须回顾这些图像，也就是复习。

早在 1878 年，德国心理学家赫尔曼·艾宾浩斯就提出，复习的最佳方式是至少复习 5 次所学信息。根据信息类型，我对复习做了如下计划：无论你学了什么内容，都立即回顾一遍，这是第一次复习；24 小时之后，再看一遍；然后，一个星期之后，再回顾一遍，这是第三次复习；一个月之后，再回顾一遍；3~6 个月之后再回顾一遍。你如果能够按照这种方式进行复习，几乎就能一辈子记住所学内容。这是最低要求。显然，你复习的次数越多，记忆效果就越好。

另外，要注意休息。如果信息量太大，就试着每隔 20 分钟左右休息一会儿，但休息时间不要超过 5 分钟。你可以做一些与所学内容完全不相关的事情。不过，有趣的是，即使是在休息期间，你的大脑仍然在组织和处理你刚刚吸收的信息。

这种现象被称为"记忆恢复"。在我们学会一些东西几分钟后，记忆力会稳步提高。记忆恢复的时长因信息的类型而异。举个例子，你对一张照片的记忆会在研究完照片 1.5 分钟后达到最强状态。对于动手技能，无论是学习如何握高尔夫球杆还是骑自行车，你通常会在练习 10 分钟后记得更牢。

这里需要强调的是：如果把学习时间分散开，比如 20～45 分钟，你就会增加记忆的时间。换句话说，你会学到更多内容。了解了这一点，你是不是很开心？你如果不断休息，就会学到更多内容。即使在你泡茶的时候，你仍然在学习。我敢肯定，老师在学校从没教过你这些。

你不妨做一个这方面的试验，尽可能让你的孩子也参与这个试验。如果你是一名学生，那么，这个技巧可能决定了你的成绩，决定了成功或失败。这是个连普通人都明白的道理：如果你把吸收知识的速度提高一倍，你的学习时间就可以减少一半。

我前面提到过，古希腊人曾经使用过这种方法，效果很好。后来罗马人也使用这种方法。下面这两段文字出自一本名为《献给赫伦尼》(*Ad Herennium*) 的有关记忆方法的著作。此书写于公元前 1 世纪，作者不详。书中写道：

> 我们如果想要记住很多内容，就必须想象出大量地点。重要的是，这些地点应该形成一个序列，我们必须记住它们

的顺序，这样我们就能从序列中任何一个确切地点开始，按顺序或者按倒序进行记忆。

确切地点是某一个容易成为记忆关键点的地方，比如房子、柱间空间、角落、拱门或类似的东西。例如，我们如果想记住马、狮、鹰的属，就必须把它们的形象放在某个确定的位置上。

在看到上面这两段话之前，我还以为我发明了一种独一无二的记忆方法。不过，尽管如此，我还是觉得我至少可以让这种方法在21世纪重获新生。

第 5 章
把关联法和旅行法结合起来

现在我们要进一步介绍记忆方法。如何利用旅行记忆法快速获取知识？接下来，我要让你记住下面列出的 10 个海洋。

太平洋（Pacific Ocean）	中国南海（South China Sea）
大西洋（Atlantic Ocean）	加勒比海（Caribbean Sea）
印度洋（Indian Ocean）	地中海（Mediterranean Sea）
北冰洋（Arctic Ocean）	白令海（Bering Sea）
阿拉伯海（Arabian Sea）	孟加拉湾（Bay of Bengal）

看完列表中的内容，你发现自己已经全忘了，是不是？也许你还记得前几个——太平洋、大西洋、印度洋，但是要把它们按顺序排列起来相当困难。

还记得我说过的找到两个词之间的联系吗？只要联想出二者之间的直接联系就可以了。这就是我想让你做的，我想让你把关联法和旅行法结合起来。

当我说到 Pacific（太平洋）时，你首先想到的是什么？我想到的是一副纸牌（pack）；Atlantic（大西洋）让我想到了 atlas（地图册）；Indian（印度洋）让我想到了 Cherokee Indian（切罗基族印第安人）；至于 Arctic Ocean（北冰洋），你想到了什么？可能是 arc（弧线）或 arch（拱门）。

我们需要记住列表中的大洋和大海。为了做到这一点，你必须规划一次包含 10 个阶段的旅行。我不希望你采用你刚刚围绕自家房子构思出来的那次旅行，因为那次旅行给你留下的印象太深刻了，你的脑子里仍然存有那些图像：钱包、蛇、螺丝刀等。这次的旅行必须是全新的，可以是从你的家到工作单位的路线，也可以是你上学时经常走的路线，或者是沿着海岸的度假路线。

在你规划好包含 10 个阶段的旅行之后，我将尝试把前面联想到的图像不着痕迹地融入旅行场景。

我们首先进入旅行的第一个阶段。第一个词是太平洋（Pacific Ocean），我们需要把 Pacific 与某个事物联系起来。之前我建议的事物是一副纸牌（a pack of cards），所以，让我们一起想象，在那个选定的地方有一副纸牌，这个地方可以是你所在的海滩，也可以是你以前的学校。无论你在哪里，都可以想象出一副纸牌。记住，要运用所有的大脑皮质技巧，包括你的感官、运动、夸张、幽默等。

接下来，放下这些纸牌，进入第二个阶段。第二个词是大西洋（Atlantic Ocean）。Atlantic 让你联想到了什么？为什么不试试 atlas（地图册）？试着想象出一本巨大的地图册。我再强调一次，要使用逻辑推理。地图册为什么会出现在那里？也许它被忘在那里了，也许它被扔掉了,也许它是用来帮助你在旅行中寻找路线的。

好了,放下地图册,让我们进入下一阶段:印度洋(Indian Ocean)。想象一下你遇到一个切罗基族印第安人,互相交流一下,想象一下这个切罗基人在那里做什么。

我们继续前进,接下来是北冰洋(Arctic Ocean),此时我想到的是 arch(拱门)。想象一下从拱门下走过的情景。它是用什么做的?是用塑料做的吗?不要忘记使用触觉、味觉、视觉、嗅觉和听觉。一边想象着穿过拱门,一边进入此次旅行的下一个阶段。

下一个阶段是阿拉伯海(Arabian Sea)。也许你首先想到的是一位英姿飒爽的阿拉伯骑士(Arabian Knight)。想象一下那种情景。

现在进入下一个阶段:中国南海(South China Sea)。它听起来像 China tea(中国茶),所以我想象出一杯中国茶叶,这次运用的是味觉。

好了,现在我们继续前进,接下来是加勒比海(Caribbean Sea)。想象出一张加勒比岛屿的照片,可以是你现在想去的地方,也可以是你以前度假的地方。想象一下这张照片有多大,对照片的位置进行定位。照片是挂在墙上的吗?如果没有墙,那么你也许在户外的某个地方。也许照片在地上。

进入下一个阶段。这次是地中海(Mediterranean Sea)。此时只需要一点儿想象力,Mediterranean 的前三个字母是 med,我想象出一枚奖牌(medal)。这是什么奖牌?闪闪发光的那种吗?请确定奖牌的位置。

下一个阶段是白令海(Bering Sea)。Bering 这个词会让你联想到什么?滚珠轴承(ball bearings)这个东西怎么样?也许你走路

快速记忆 028

时无意中踩到了某个滚珠轴承,一下子滑倒了。

现在进入最后一个阶段:孟加拉湾(Bay of Bengal)。你联想到的是孟加拉虎(Bengal tiger)吗?这可是个色彩斑斓的东西。

我们做得太棒了。

现在所有的工作都是通过你的想象力完成的。你采用了联想的手段,希望这次旅行能够保持你刚才想象出来的信息的顺序。如果采用想象、联想与定位这三种手段,你就很有可能重复这些海洋的顺序。下面让我们看看结果到底如何。

不要着急,先回到第一个阶段。你看到了什么?我可以给你一点儿提示。还记得我建议用一副纸牌吗?这让你想到了什么?是的,想到了太平洋。

进入下一个阶段。现在你看到了什么?一本地图册?由地图册想到了大西洋。现在,你掌握其中的窍门了吗?

进入第三个阶段。你看到了什么?你遇到了一个切罗基族的印第安人,所以这个词应该是印度洋。

进入下一个阶段。你从什么东西下面穿过去了?它是什么形状的?是个拱门吗?所以这个词应该是北冰洋。

进入下一个阶段。你遇到了一位阿拉伯骑士,所以这个词应该是阿拉伯海。这一次,想象他身上贴着一个号码"5"。这是为了帮助你记住这是此次旅行的第五个阶段。

进入下一个阶段。提示一下:你正在品尝某种东西。是的,中国茶叶,由此,你想到了中国南海。

在下一个阶段,你看到了一张岛屿的照片。它在什么地方?它在加勒比海。

继续前进，你看到了一个闪闪发光的东西。没错，那是一枚奖牌，由此，你想到了地中海。

现在进入下一个阶段。你是不是在这里因滚珠轴承滑倒了？所以，你想到了白令海。

最后，你看到了一只色彩斑斓的孟加拉虎，由此想到了孟加拉湾。

现在，如果回到第一阶段，从头开始，那么你肯定能够快速记住那些海洋。这样做就像是在创造记忆路径，这样的道路会越走越宽。过一段时间之后，你就可以轻松记住列表中的内容：太平洋、大西洋、印度洋、北冰洋、阿拉伯海等等。而且，你现在可以精确定位到这些物体中的任何一个。如果我问："列表中的第五个词是什么？"你只要回想一下，就会立即想起我们把数字5贴到了那位阿拉伯骑士身上。以此为基础，你可以告诉我列表中的第四个词是什么。你只要回到旅行的上一个阶段就可以了，在这个阶段你看到了那个拱门，它代表北冰洋。

实际上，我大费周折地介绍这么多，你的大脑几秒钟就能明白我要表达的意思。再强调一次，练习这个方法的次数越多，你学得越快。也许你已经开始注意到自己变得更有创造力了。这种方法甚至可能会让你的大脑感到有点儿紧张。这是个好兆头。别忘了那句话：梅花香自苦寒来！

从实用的角度出发，想想你能用这个方法做些什么。你可以记住任何东西：购物清单、名单、一整天要做的事情等。这种技巧可以让你记住很多内容，练习得越多，你做得越好。

我们可以在生活中使用这种旅行记忆法，你可以向朋友和家人发出挑战,看看你的记忆力到底能走多远。

在下一章中,我要向你介绍一种记忆方法,解决头号记忆难题:如何记住名字和面孔。掌握了这个十分有效的方法,你就再也不会忘记名字了。

第 6 章

如何记住名字或面孔

有一次,在伦敦时尚的梅菲尔举行的一次晚宴上,我被要求回忆一下在场所有人的名字。这次聚会有 100 人,女主人要求我记住每一位客人的名字和姓氏。她对我说:"我不会告诉大家你是谁,我只想让你到客人中转一圈,记住每一个人。"我以前从未见过这些客人中的任何一个。

我右边是一位富商,他不知道我是一个善于记忆的人,他认为这个任务是不可能完成的。他对我说:"如果你能做到,我就给你 5 万英镑。"

于是我四处走动,在每桌找一个人,然后悄悄地问对方:"劳驾,能否请您告诉我这一桌每个人的名字和姓氏?"他们都照做了。我用 20~25 分钟完成了这项工作。

我回到自己的座位上,那位商人问我:"你都记住了吗?"

"是的,我想是的。"我回答说。

听闻此言,他相当紧张地说:"真的假的?你最好现在就把每个人的名字记下来，以免过一会儿忘记了。"

我对他说："不用着急，我觉得有点儿饿。再等一会儿，等到他们喝咖啡的时候再说。"我说到做到，等咖啡端上来的时候，我站起来，准确地说出了现场每一位客人的名字。这让女主人大吃一惊，更让那位商人满脸惊愕。

在训练记忆力之前，我是不可能做到这一点的。几年前，我根本不可能在一次聚会上记住100个人。像大多数人一样，我过去很难记住人们的名字和面孔。

人们经常对我说："我很擅长记住人的长相，但就是记不住名字。"为什么记名字这么难？我认为原因之一是我们遇到的人越来越多，名字来源越来越广，我们会不断碰到千奇百怪的名字。我们生活在一个国际化的社会中，会听到不同寻常的、充满异国情调的名字，比如布特罗斯·布特罗斯－加利（已故联合国秘书长）。这样的名字很难记住。

在过去，事情要简单得多。在那个时候，有些名字可以让我们确定对方的身份或者把名字与他们的职业联系起来，比如史密斯、贝克、布彻①，比如索耶、库珀②。因此我们可以这样记忆：面包师哈利（Harry the Baker）、造箭匠汤姆（Tom the Fletcher）。也就是说，我们通过直接联系进行记忆，关注的是名字和职业之间的联系。

---

① 史密斯的英语为Smith，意为"铁匠"；贝克的英语为Baker，意为"面包师"；布彻的英语为Butcher，意为"屠夫"。——译者注
② 索耶的英语为Sawyer，意为"锯木工"；库珀的英语为Cooper，意为"桶匠"。——译者注

如今，当我们遇见某人时，我们不再能够发现这种直接的联系。比如，名叫泰德、鲍勃、朱莉娅、卡罗尔的人看起来应该是什么样子的呢？我的意思是，我看起来不像多米尼克，你看起来也不像你的名字。所以，不要因为你记不住名字而感到内疚，大脑中没有关于名字或面孔的记忆系统。

一定要定位面孔出现的地点

如果没有明显的联系，我们就必须创建某种联系。英国联想主义心理学家托马斯·布朗爵士说过："人都会感到奇怪，芸芸众生中竟然没有一个和自己长得一样的人。"在数百万张面孔中，没有两张完全一样的，我们都是独一无二的，我们可以利用这一点。

回顾一下：前面我们用一次旅行来记忆一份包含10件商品的购物清单，我们使用了联想、定位和想象，这三个因素贯穿了这门课程。

要记住一张脸，我常说的一句话是：一定要定位面孔出现的地点。在试图记住一张面孔的时候，我从不会考虑任何记忆技巧，因为我们天生就很擅长这件事，并且经历过几个世纪的考验。我们需要在刚刚看到对方时就判断对方是朋友还是敌人。我们能记住面孔，但问题是要为面孔赋予名字。所以，我们要定位面孔出现的地点。

有人在街上遇到你，跟你打招呼："嗨，唐尼，你好吗？"你很熟悉对方那张脸，但想不起对方是谁。此时你需要做什么？你需要定位之前见到那个人时的地点。一旦想起那个地点，你就会想起关于那个人的所有信息。如果你还没想起来，对方就可能会说："怎么,你不记得我了吗？我是乔治。我们在伦敦的那次会议上见过面。"

原来如此！你现在终于想起那个地点了。于是,你说："我记得你,你就是那个推荐疯狂节食法的人。对了,那本书卖得怎么样了？"你一旦知道了文件的标签,就知道去哪里查找信息了。

现在,我要教你四个技巧,帮你记住名字,帮你定位面孔出现的地点。

人物关联法

第一个技巧是"人物关联法"。看到对方的脸之后,想想对方是否长得像某个人,比如某个朋友或某个歌手,即使印象模糊也没关系。也许对方长得像某位王室成员、运动员或政客。试着立刻建立某种联系。

比如,你遇到了某个人,此人可能有一种奇怪的癖好,这让你想起了你的姨妈。好了,现在你建立了第一个重要的联系。你的姨妈给了你一个位置,即你姨妈家的房子,所以这是联想中的一个环节。记忆的工作原理就是这样的。我们需要寻找到一个记忆关键点,那个人让你想起了你的姨妈,所以现在你想起了姨妈家的房子。

现在,你需要开始记忆了。想想你的姨妈,想想她的房子,然后你需要知道对方的名字。假如那个人说她是谢泼德太太（Mrs. Shepard）,记忆起来就太简单了。你只需想象你看到了一个牧羊人（shepard）站在你姨妈的房子外面。完整的记忆链是这样的：首先,是长相相似的阶段,即她长得像你姨妈；这给你提供了一个地点,你来到定位阶段,即你姨妈的房子；其次,是赋予其关键形象,即牧羊人。如此一来，你经历了面孔、定位和关键形象三个阶段。

我们再举一个例子。假设有人让你想起了电视剧《朱门恩怨》里的 J.R. 尤因这个人物，你可以使用什么位置进行定位呢？你可以用电视剧里的南弗克牧场。尤因在牧场里有另外一个名字：沃尔斯基先生（Mr. Walski）。现在你可以想象这个人在南弗克牧场的其中一面墙（wall）上滑雪（ski）。这种想象的确非常疯狂，却很容易让人记住。从这个例子中，我们同样可以看出其中的联系：你经历了面孔、地点和关键形象三个阶段，从而创建出了一个场景。

职业关联法

现在我们来看看第二个技巧，该技巧被称为"职业关联法"。如果你看到的那个人看起来不像任何熟悉的人或名人，你就想想这个人是做什么工作的，从事哪个职业。（别人总是告诉我，不要以貌取人，但我们总是免不了如此。）

你第一次看见某人的时候，可能会觉得那个人看起来有点儿像律师、记者、音乐家，或者像医生或税务员。像什么并不重要，我们要寻找的是一个可以定位的地点。

让我们举例说明。不管出于什么原因，假如你遇见一个看起来很像汽车销售员的人，你就会想到自家的车库。汽车销售员又会让你想到汽车展厅，所以你可以想想你家的车库或当地一家汽车展厅。现在你需要知道对方的名字，这次我们只提供名字，不提供姓。

那个人说他的名字叫乔治。这里的诀窍是利用一个你已经认识的叫乔治的人，此人可能是你的朋友或叔叔。或者，乔治·布什怎么样？现在你可以想象，乔治·布什在汽车展厅里推销汽车。

接下来你需要知道对方的姓。假设对方姓贝克，那么我们需要再次联想，想象乔治·布什戴着一顶面包师的帽子。这就形成了记忆链：职业、地点和关键形象。

这种方法的精妙之处在于，我们可以利用它进行双向记忆。

如果你在聚会上遇到一群人，你就可以使用这些技巧。比如，当你听到"贝克"这个名字时，你就会想："等一下，那个人是谁啊？哦，想起来了，记忆中，乔治·布什头上戴着面包师的帽子，正站在汽车展示厅里。一定是那个人。"这里使用的仍然是记忆的三个关键因素：联想、想象、定位。

我们再举一个例子：假设你遇到了一个看起来非常像税务稽查员的人。在这种情况下，你可以用缴税办公室进行定位。想想你前往缴税办公室的情景，想想它所处的地点，以此作为想象背景。现在你需要知道对方的名字。

假设这个人的名字是奥弗顿先生（Mr. Overton）。听到这个名字，你脑子里首先想到的是什么？也许你会想把一吨（ton）重的东西压在他头上（over）。（顺便说一句，永远不要告诉对方你是如何记住他们的名字的，因为这可能会导致争吵。）现在，你就会想到这样的一幕：你在缴税办公室把一吨重的东西压在那个人的头上。

特征关联法

如果没有与对方长得像的人，而且你也想不出具体地点，比如工作环境,那么你该怎么办?此时可以人为创建某种关联。如果无法对对方的脸进行定位,我们就采用第三种技巧,该技巧被称为"特征关联法"。

每个人都有一些有趣的特征,比如尖尖的鼻子、大大的耳环,或者有某种与众不同的特征,比如文身、有趣的个性等等。你要找的就是一个记忆关键点。

比如,有人介绍你认识一个名叫帕特·怀特黑德(Pat Whitehead[①])的女人时,你注意到她头上有几缕白发。我知道这是一个明显的联系,但不妨想象一下拍拍她的头。也许她身上被浇了一些颜料,拍完她的头之后,你的手上沾上了白色颜料。你的想象并不重要,关键是要建立这种联系,这样一来,下次看到她的时候,你就会想:"哦,想起来了,当时她身上有颜料,白色的颜料。对了,她的头应该是白色的。"然后你又想起自己拍了她一下,顿时全想起来了:"她的名字是Pat Whitehead。"

在这个例子中,这个人的实际体貌特征成了定位的手段,因此形成的记忆链就是:当事人、特征、场景。

再说一次,永远不要告诉任何人你是如何记住他们的名字的,你只需要告诉对方你记性很好就可以了。我曾经在一次会议上犯了一个错误,当时有人问我:"你是怎么记住我的名字的?"

我回答:"是这样的,你的耳朵很尖,这让我想到了《星际旅行》中的外星人斯波克博士,于是我想象出你站在企业号星舰甲板上的情景。"听到我的回答,他厌恶地走开了。从那时起,我学会了不

---

① Pat,意为"拍打、轻拍";Whitehead,意为"白色的头"。——译者注

让别人知道我的想法。

这种特殊的技巧是舞台表演者和魔术师的最爱,他们不会因为我告诉你们这一技术而感谢我,反而可能会记恨我。他们会刻意寻找特殊类型的服装,这样他们就可以把名字以某种疯狂的形象同那种特殊服装联系起来。采用这种办法唯一的问题是衣服会改变,但面孔不会改变。

名字定位法

以上三种方法都很好,但现在我要告诉你一种最有效的方法。我曾经用这种方法一次记住300多位观众的名字。几年前我在《奥普拉脱口秀》上表演过一次。我称这种技巧为"名字定位法"。

首先我想知道对方的名字,这是记忆链条上的第一环。这个名字会把那个人带到世界上某个具体的地方。如果我走到观众席的第一个人面前,对她说:"请告诉我你的名字。"她说:"我叫卡罗尔。"我立刻想到了英国的某个教堂。为什么卡罗尔(Carol)这个名字会让我想到教堂?因为卡罗尔让我想起赞美诗(carol),唱赞美诗是我每年圣诞节都要做的事情,所以我一听到卡罗尔这个名字就立即想到了教堂。这样一来,我就给这个名字定位了。

如果对方说她叫琼(Jean),我就会直接想到我的家乡吉尔福德的一家牛仔服装(jean)店。因为那是我第一次买牛仔裤的地方。如果对方的名字是帕梅拉,我就会想到我母亲的房子,因为我母亲的名字叫帕梅拉。如果对方的名字是乔治,我就会想到白宫。如果对方的名字是拉里,我就会想到知名脱口秀主持人拉里·金,所以我会使用CNN（美国有线电视新闻网）的新闻工作台，围绕CNN创造出记忆场景。

让我们一起来看一个例子。假设我遇到的第一个人叫利奥，我马上就会想到电影《泰坦尼克号》。这是因为影片男一号的扮演者叫莱昂纳多·迪卡普里奥。即使那个人长得不像莱昂纳多·迪卡普里奥也没关系，我只是用这个名字把那个人的脸定位到那个位置。所以现在，就像我通过《星际旅行》记住那个耳朵尖尖的人一样，名叫利奥的这个人现在要登上泰坦尼克号了。

接下来我要问他的姓。利奥的姓是泰勒（Taylor[①]），这个该怎么记忆？我想象登上泰坦尼克号的那个人脖子上挂着一根卷尺。这就是我需要的。当我再回到那个人跟前时，我心中会想：嗯，就是你。我把你送上了泰坦尼克号，你脖子上挂着一根卷尺，你的名字应当是利奥·泰勒。你可能会觉得这种想象太荒诞了，但我关心的不是这个，我在乎的是我能否记住他的名字，能否通过这种方法记住每一个人的名字，因为我有非常可靠的记忆链。

我是如何记住100位观众的名字的呢？我有很多个地点，可以以此对要记忆的人名进行定位。如果我听到特里这个名字，我就会想到一个朋友的房子，因为这个朋友是一名室内设计师，所以名叫特里的那个人就会前往我的朋友特里在英国的房子；如果我听到妮古拉这个名字，我就会情不自禁地想起一家酒吧，因为我曾在那里和一个名叫妮古拉的女孩约会过。虽然约会没成功，但这并不重要，重要的是我还记得那家酒吧。

[①] 发音与tailor相似，tailor的意思为"裁缝"。——译者注

如何记住更复杂的名字

你可能会说："嗯，不错，这些方法很好。但是，如果名字再复杂一点儿，比如名字中有两个、三个、四个或者更多音节，那么我该怎么办？"

你要做的就是把名字分解成更小的音节，创建更复杂的场景。

比如，Radwandski 这个名字。现在我把它分解成 rad、wand 和 ski 三部分。Rad 让我想起了暖气（radiator），wand 让我想起了魔杖（wand），而 ski 很自然地让我想起了滑雪（ski）。总之，你可以把任何名字都分解成更小的音节，进而想象出各种形象。

再看下面几个例子。多尔蒂（Dougherty）这个名字让我想到码头工人的下午茶时间（docker's tea break）；海瑟薇（Hathaway）让我想到帽子被弄丢了（hats away）；詹姆森（Jameson）让我想起了阳光下的雅梅（Jamey in the sun）；奥本海默（Oppenheimer）让我想到打开家门（open home）；拉赫玛尼诺夫（Rachmaninoff）这个名字可以分解成烤架（rack）、男人（man）、在烤箱里（in oven）。分解后的名字无须与原来的名字完全匹配，你只是通过这个过程寻找一个触发记忆的点。比如尼格尔（Neacher）这个名字，看到它我想到的是膝盖痒（knee itcher）。

如果两个人重名怎么办？比如我在观众中遇到了另一个名字叫利奥的人。不必担心，我只需把这个人转移到泰坦尼克号上另外一个地方。如果有三四个名叫利奥的人，就把他们安排在一起，比如船舵周围，或者救生筏里，或者其他什么地方。事实上，这种情况更有助于记忆，因为我可以把他们都安排在一起。

如何记住300个人的名字？这不可能一蹴而就，我无法一下子记住从300个人那里得到的所有信息，必须有条不紊地进行，一个一个地来。这需要更长的时间，但我可以保证它们都在我的脑海里，我可以把这300个人送到世界各地。你可以试一试，这种方法确实有效。

再强调一下：一定要定位面孔出现的地点。仔细观察对方的脸，然后想想他们让你想起了谁，选择与之长得最像的那个人。他们看起来可能像网球名将约翰·麦肯罗，可能像某个坏人、某位演员、某个英雄，或者某个亲戚或朋友。然后利用他们之间的相似之处，把他们带到某个地点，进行定位。如果有人长得像泰格·伍兹，就把场景设在美国著名高尔夫俱乐部奥古斯塔周围，通过色彩丰富、富有想象力的场景来记住那个人的名字。

如果没有与对方长得像的人怎么办？那么你可以使用职业关联法。你希望那个人在哪里工作？观察一下那个人的长相，看看他可能从事什么工作，他是执法人员、银行职员，还是理发师？利用他们的工作场所提供想象的背景。

如果对方让你什么都联想不到，你该怎么办？如果没有与那个人长得像的人，或者你想象不出对方可能从事什么工作，你该怎么办？在这种情况下，你可以使用特征关联法。比如，如果对方的名字叫皮尔逊（Pearson），那么他可能长着一双锐利的眼睛（piercing eyes）；如果对方名叫库珀（Cooper），你就可以将其想象成桶形身材（cooper意为"桶匠"）。

我认为最有效的方法是名字定位法，用名字把那个人定位到一个地方。比如，如果对方叫丹尼斯（Dennis），你就可以带他去看牙医（dentist）；如果对方名叫佐伊（Zoe），你就可以将其定位到动物园（zoo）。

名字记忆练习

这是我为大家准备的一个练习。我将列出一串名字，每当你读到一个名字时，我希望你能立刻把这个名字和一个特定的地点联系起来，至于你是如何想到这个地点的，或者为什么会想到那个地点，并不重要。你的大脑非常擅长建立联系，因此有时候你很难跟上自己的思路。

如果我提到丽莎这个名字，你就可能立即想到某个艺术博物馆。为什么？因为即使你没有意识到，丽莎也能让你想到那幅著名的《蒙娜丽莎》画像和达·芬奇，所以你会想到艺术博物馆。如果我提到伯纳这个名字，你就可能想到瑞士和原产于瑞士的圣伯纳犬。或者，芭芭拉这个名字可能会让你想到芭芭拉·史翠珊拍摄的电影的外景地。

下面我给你一串名字，请你为每个名字想出一个地点。至于选择什么地点，完全由你自己做主。一看到名字，就试着马上找到与之相关的某个地点。

迈克尔	理查德
凯伦	伊丽莎白
彼得	乔治
詹姆斯	玛丽

卡罗琳　　　　　　鲍比

你有没有注意到，一听到某个名字，你就会立刻想到一个相关的地点？这是一个非常有用的机制，因为我们可以用它来存储关于每个人的大量信息。这就是联想机制，它就是这样对你发挥作用的。

接下来，我将再次列出相同的名字，不过这次还要加上姓。现在，当你听到迈克尔这个名字时，我希望你根据他的姓创建一个小小的形象，并将其固定到想象出来的背景中。

迈克尔·斯坦普　　　理查德·格拉斯
凯伦·巴伯　　　　　伊丽莎白·福克斯
彼得·贝克　　　　　乔治·福特
詹姆斯·尼格尔　　　玛丽·奈廷格尔
卡罗琳·泰勒　　　　鲍比·科瓦尔斯基

现在我们开始在这里寻找名字之间的直接联系。我从这些姓中随便挑一个，看看你能不能记住与它对应的名字。如果我说泰勒，那么你想到了什么？你把它和哪个名字联系在一起？正确答案应该是卡罗琳。

接下来，我们让这个过程稍微简单一点儿，我先说名字。如果我说迈克尔，你应该马上想到某个地点，并且把斯坦普的形象定位于此。我们再尝试一下另一个名字：玛丽。你想到了什么？你能看见那个地方有只鸟吗？正确答案是玛丽·奈廷格尔（Nightingale，意思是"夜莺"）。

下面我要给你另一个姓氏：福克斯（Fox，意思是"狐狸"）。那只狐狸在哪里？无论那个地点在哪里，它都应该触发关于那个名字的记忆，即伊丽莎白。再来看看鲍比这个名字，当我提到鲍比这个名字的时候，你想到了什么地方？此刻你需要记忆一个非常难记的姓——科瓦尔斯基（Kowalski）。我们再来看一下这些名字：

迈克尔·斯坦普	理查德·格拉斯
凯伦·巴伯	伊丽莎白·福克斯
彼得·贝克	乔治·福特
詹姆斯·尼格尔	玛丽·奈廷格尔
卡罗琳·泰勒	鲍比·科瓦尔斯基

你一共记住了多少个名字？我最近在我的一个朋友身上做了这个测试，她说她记住了10个名字中的8个，但在记忆彼得·贝克和詹姆斯·尼格尔这两个名字时遇到了很大的麻烦，总是记不住。

"这是为什么呢？"我问她。

"因为我很高兴那两个名叫彼得和詹姆斯的家伙离开了我的生活，这就是我记不住那两个名字的原因，因为我真的不愿意再去想他们。"

我建议你按照下面的方法进行练习，一开始会相当困难，因为你是在用与以往不同的方式使用你的大脑。在练习的时候，我建议你快速翻看杂志或报纸，里面一定有你不熟悉的面孔，照片下面通常写着名字。试试前面给出的这些技巧，看看你能记住多少名字。

你可以和你的家人或朋友进行比赛，看看你们能记住多少名字。

下次参加聚会的时候，你不妨试试这些记忆名字的方法，这是一个很好的聚会小游戏，也是一次很好的锻炼。如果你真的变得自信了，那么为什么不在工作中使用这些方法呢？这是认识新朋友的好方法。

实际上，这就像随身携带了一个置于体内的思维文件档案柜，你掌握了所有人的档案。一旦确定了每个人的位置，你就可以不断地向里面添加各种形象。或许你还记得，在前面的例子中，利奥·泰勒的定位是泰坦尼克号上。如果你想积累更多关于他的信息，只要继续添加更多的形象就可以了，比如你可以记住他妻子的名字，增加他喜欢滑雪的信息，或者他开了一辆雪佛兰汽车的信息，你只要想象把一辆雪佛兰汽车放在船上就行了。

人们可能会问："你是怎么记住这些东西的？你到底是从哪里得到这些信息的？"其实你使用的就是这种置于体内的思维文件档案柜，里面装满了名字。不要告诉他们你是如何做到的，只说你记性很好就可以了。

忘记别人的名字是很尴尬的，而在很短的时间内（比如刚认识30秒之后）就忘了某人的名字更是对对方极大的侮辱。相反，记住别人的名字则是你对别人表示出的最大敬意，尤其是当你很长时间没有见到对方的时候。如何赢得朋友并影响他人？办法很简单，那就是记住他们的名字。

在下一章，我们将进一步研究有关名字和面孔的记忆，我将给你提供另外一个练习。在那之前，请继续练习到目前为止你所学到的记忆技巧。

第 7 章

多米尼克玩的问答游戏

几年前,我为常识问答游戏"打破砂锅问到底"做了一次推广活动。为了准备这次活动,我花了几个星期时间记住了 7 500 个问题和答案。作为推广活动的一部分,我应邀前往伦敦摄政街一家名为哈姆雷斯的著名玩具店。在这之前,报纸上登出了一则广告:"挑战记忆达人!如果他答错一个问题,你就可以赢得 50 英镑;如果他答错两个问题,你就可以赢得 100 英镑;如果他答错三个问题,你就能赢得 5 000 英镑。"

当我到达哈姆雷斯玩具店时,那里已经人山人海,排起了长队。我好不容易才挤到楼前,放下了随身携带的公文包。工作人员收起门前的隔离绳,所有人都朝着队伍前方涌了过来。

活动开始后,一切进展顺利,我答对了所有问题。但大约 10 分钟之后,队伍中有个人引起了我的注意。他一直向前探着身子,四处张望,看起来有些鬼鬼祟祟。我不知道你是否有过那种感觉,就是觉得好像要出事。当时那个人就给了我那种感觉。

果然，当他来到队伍前面开始提问时，他说："在我问奥布莱恩先生问题之前，我要求把那只公文包拿开。"

"绝对没问题，"我说，"就照你的意思来做，拿到哪里都可以。"

"把它送到房间后面去。"几名工作人员走过来，把它拿到房间后面。

没想到，这个人说："不行，拿得再远一点儿，把它放到听不见的地方。"

原来这个人以为我在作弊，觉得我的公文包中可能藏了一个人或者扬声器。

最终，这个人如愿以偿，公文包被放得远远的。于是，他开始提问："1992年5月，安娜·库尔尼科娃被誉为本世纪最具潜力的网球选手，请问当时她多大年纪？"

我回答："10岁。"

听完我的回答，他一把扔掉卡片，气愤地说了一句"这是一场骗局"，然后转身走开。这哪里是什么骗局？我之所以能想出答案，是因为我想到了达德利·摩尔。为什么我会想到达德利·摩尔呢？因为他主演了喜剧电影《十全十美》(*10*)。

关于这个问题，我只需要两个词：安娜和网球。安娜让我想起了一个朋友，那个朋友喜欢打网球，我知道她家有一个网球场。然后我只需想象达德利·摩尔在那里打网球就可以了。我使用的是助记法。

助记法

简单地说,助记法就是帮助记忆的所有方法。首字母缩写是一种助记法。在英国小学生中,最著名的首字母缩写可能是"约克的理查德徒劳地战斗"(Richard of York goes battling in vain)。这几个单词的首字母的缩写依次对应了可见光谱中的 7 种颜色:红、橙、黄、绿、蓝、靛、紫(分别是 red,orange,yellow,green,blue,indigo,violet)。如果提取每个单词的第一个字母,最终得到的是 ROYGBIV。当然,你只要记住罗伊·G. 比瓦(Roy G. Biv)这个名字就可以了。

现在,我们将学习如何使用助记法将数字转换成生动有趣、意义丰富并且难以忘记的形象。我称之为"数字语言"。稍后,我将介绍一个我开发的系统,我认为该系统对我获得 8 次世界记忆锦标赛冠军起到了关键作用。这个系统非常有效,但对我来说不算什么好消息,因为我的对手现在正试图用它来打败我,并且有一两个对手差一点儿就成功了,这着实让我感到不安。我把它命名为"多米尼克系统",稍后再详细介绍。

现在,为了让你更容易理解数字语言,我们先来看看将一位数转换成助记符号的标准方法。这些方法非常容易学习,而且对记忆完整的数字数据(比如银行密码或任何其他较短的数字序列)非常有用。

什么是数字形状?答案很简单,线索就在名称里,其原理是把每个数字同日常生活中与之最相似的形状联系起来。

例如,数字 5 的形状类似于窗帘挂钩,数字 6 的形状像大象的鼻子，数字8看起来像雪人或沙漏。数字2看起来像什么呢？是不是有点儿像天鹅？

在这种情况下，天鹅成为数字2的关键形象。我们将在这门课程中使用很多关键形象。数字1看起来像什么呢？它看起来像铅笔或者蜡烛。

下面我将给你一个数字，然后再给你相关的数字形状。具体内容如下：

1：蜡烛

2：天鹅

3：手铐

4：帆船

5：窗帘挂钩

6：大象鼻子

7：回旋镖

8：雪人

9：细线连接的气球

10：棍子和环

当然，你也可以选择自己喜欢的数字形状。比如，对于数字10，你完全可以选择劳莱和哈台①这两个人物形象。再比如，对于数字8，你可以使用玛丽莲·梦露这一形象。无论你想到什么形象，

---

① 劳莱与哈台均为美国电影喜剧演员，一胖一瘦。——译者注

你都可以使用，甚至可以为数字 0 选择一个形状。我觉得 0 看起来像一个足球。

我们如何把数字语言应用到记忆实践中呢？例如，现在你需要记忆"火星有两个卫星"这一事实。为了记住这一点，你可以想象一只天鹅优雅地拍打翅膀，不停地绕着火星飞翔。不过，前提是你记住了 2 的数字形状是天鹅。

练习

这些数字的形状你都记在脑子里了吗？让我们做一个快速测试。与数字 7 相联系的是什么？是回旋镖。数字 9 呢？是细线连接的气球。数字 1 呢？是蜡烛。

如果你觉得自己已经准备好了，就来做个小练习吧。我会提出一个问题，也会给出问题的答案，而你必须用想象、联想和定位这三种因素把问题和数字形状联系起来。例如，要想记住亚当和夏娃有 3 个孩子，就想象他们被手铐铐着，因为手铐是数字 3 的数字形状。如果你准备好了，我们就马上开始。

白金汉宫有几百个房间？答案是 6。你将如何把大象鼻子和这个问题联系起来？

下一个问题：一个马球队有多少匹马？答案是 4。记住，4 的数字形状是帆船，请把二者联系起来。

有多少只驯鹿拉着圣诞老人的雪橇？这很简单，答案是 8，而 8 的数字形状是雪人。

哪一个神奇的数字与约旦古城耶利哥的城墙被震毁有关？答案

是 7。

　　一只母羊有几个奶头？答案是 2，这能让你想起 2 的数字形状天鹅。

　　泰坦尼克号沉没的时候，船上有多少个烟囱？答案是 4。同样，你对它的数字形状有一个现成的印象。

　　亚当和夏娃有几个孩子？你已经知道答案了。一想到手铐，你就能想起答案是 3。

　　蜜蜂有多少个翅膀？答案是 4。

　　一朵野生英国玫瑰有多少片花瓣？答案是 5。记住 5 的数字形状是窗帘挂钩。

　　好了，现在假设你已经把想象、联想和定位结合起来使用，应该能够回答这些问题了。

　　亚当和夏娃有几个孩子？想到手铐，就知道答案是 3。

　　白金汉宫有几百个房间？刚才你联想到了什么？大象的鼻子。所以答案应该是 600 个房间。

　　哪一个神奇的数字与约旦古城耶利哥的城墙被震毁有关？给你一个提示：回旋镖。所以答案是 7。

　　泰坦尼克号沉没的时候，船上有多少个烟囱？4 的数字形状是帆船，所以，在这道题中你有一个现成的联想。

　　蜜蜂有多少个翅膀？答案是 4。

　　一朵野生英国玫瑰有多少片花瓣？答案是 5。5 的数字形状是窗帘挂钩。

　　一个马球队有多少匹马？想一想数字形状，应该是帆船，所以答案一定是 4。

最后一个问题：有多少只驯鹿拉着圣诞老人的雪橇？这很简单，因为答案的数字形状是雪人，所以答案是 8。

你可能想在明天或一个星期后再测试一下。如果你在脑海中创造的形象足够刺激，你就可能发现你永远也不会忘记这些信息。

数字押韵系统

稍后我们再进一步介绍有关数字形状的内容。第二种系统被称为"数字押韵系统"。和数字形状一样，线索也在名称里，其原理是把数字和与它的读音最接近、与它押韵的词联系起来。下面，我们来看一些例子。

你可能会把数字 4（four）和门（door）或疼痛（sore）联系在一起，会把数字 7（seven）和天堂（heaven）或凯文（Kevin）联系在一起。至于数字 6（six），你可能会把它和棍子（sticks）或砖块（bricks）联系起来。

下面，我要为从 1 到 10 的每个数字提供一个与其押韵的词，供你参考。当然，你也可以使用自己选择的押韵词语。

1：枪（gun）
2：鞋（shoe）
3：树（tree）
4：房门（door）
5：蜂巢（hive）
6：棍子（sticks）

7：天堂（heaven）

8：大门（gate）

9：酒（wine）

10：钢笔（pen）

现在我们要做一个小游戏，我要让你记住20世纪美国最后10位总统，所以你要确保你清楚地记住了上面的数字押韵系统。

你记住了吗？我们马上测试一下。与数字8押韵的词是什么？是大门。与数字9押韵的词是什么？是酒。数字2呢？是鞋。数字6对应棍子。数字1对应枪。数字4对应房门。数字5对应蜂巢。如果你都答对了，我们就继续这个练习。

我将按顺序列出这10位总统，从杜鲁门（Truman）开始。他是第一个，你必须把1的押韵词"枪"同杜鲁门联系起来。与数字7押韵的词是天堂，我列出的是卡特总统。我们是不是可以这样联想：以现代人的眼光来看，他有点儿像个圣人，所以他会上天堂。你把卡特和天堂联系起来，所以你知道他是列表中的第7位总统。下面我们将他们全部列出：

1：枪，杜鲁门

2：鞋，艾森豪威尔

3：树，肯尼迪

4：房门，约翰逊

5：蜂巢，尼克松

6：棍子，福特

7：天堂，卡特

8：大门，里根

9：酒，布什

10：钢笔，克林顿

要反复思考上面列出的内容。下面，我只列出数字，希望你能写出与之对应的总统。

1　　　　　　　6
2　　　　　　　7
3　　　　　　　8
4　　　　　　　9
5　　　　　　　10

你全部写对了吗？我想知道你是如何想象其中一些总统的。比如，你是怎样把肯尼迪和树联系起来的，又是如何把克林顿和钢笔联系起来的？比尔·克林顿拿着钢笔在干什么？也许是在改写历史。

你可以用这种方法做很多事情，比如准确想起其中任何一位总统。比如，如果我提到数字5，你就会想到蜂巢，然后就会联想到尼克松。你可以按顺序进行，从杜鲁门到克林顿。你也可以按倒序进行，从克林顿到杜鲁门。

如果我问你"布什是第几位总统"，那么你可以告诉我他在列表中对应的数字。布什让你想到了什么？酒。与酒对应的是数字9，因此布什是第9位总统。艾森豪威尔是第几位总统？你联想到的是鞋，与鞋对应的数字是2，因此艾森豪威尔是第2位总统。

记忆的各个部分是如何像拼图一样组合在一起的？答案是运用你的想象、联想和定位。

一些实际应用

你需要练习这些方法，需要学会使用数字形状或数字押韵。无论你喜欢哪一种系统，它们都非常有用，可以用来记忆各种信息。

我们如何在更实际的层面上使用这些方法？你可以用它来记住你的银行密码。

假设你的银行密码是4135。只要运用数字押韵系统把这些数字转换成押韵词就可以了。与4135相对应的是房门、枪、树和蜂巢。你认为应该把你的银行密码存储在什么地方？藏在银行里怎么样？想象一下你的银行，思考一下如何利用房门、枪、树和蜂巢，围绕银行构思一个精彩的小故事。

我们可以这样想象：房门突然被撞开，有人拿着枪冲了进来，跑到树上，发现树上有个蜂巢。你所要做的就是反复想象这个故事，然后你就得到了你的银行密码：4（房门）1（枪）3（树）5（蜂巢）。当然，过一段时间，你可能很容易地想起这个数字，但是，如果你在某一刻突然想不起来密码，那么，有这样一个备份也是很好的。

如果你真的想进入数字领域记忆数字，那么请别着急，我们将在下一章正式讨论有关数字的记忆方法。我说的是电话号码，或者比较大的、有上千个数位的数字。在此之前，请使用我在这里介绍的技巧，使用数字形状和数字押韵系统来帮助你记住任何种类的数字。之后，你会真正发现，你正在开发自己强大的记忆能力。

第8章
多米尼克系统

你是否曾经在电视上看到过某个记忆表演者背诵一个很长的数字?也许你曾经在电视上见过我,也许你曾经读过关于记忆达人记住电话号码簿的报道。你是否记得电影《雨人》里那个能记住散落在地板上的牙签顺序的角色?他能够记住电话号码簿、纸牌和数字。

你可能想知道这是怎么做到的。我之前提到过,2018年,我在大约60分钟内记住了1 780位数字,那是一组随机数字序列。你可能会产生疑问:这怎么可能呢?

最初我设计这个系统是为了记住庞大的数字,想用它打破纪录,赢得世界记忆锦标赛冠军。但是,在开发这个系统的过程中,我逐渐意识到你可以用它来记住各种各样的事情,比如电话号码、预约日期、统计数据、方程式、生日等。如果你是学生,那么你也许可以用这一系统来记住原子量、原子序数、历史日期等所有与数字有关的知识。

仔细想想，为什么我们很容易记住人脸和图片，却在记忆数字时被难住了呢？我们的大脑大约有 860 亿个神经元，可以说，人类是非常聪明的，但我们只能记忆 6 位或 7 位数字。

这似乎有悖常理，因为我们生活在一个数字的世界里，没有数字，生活就会乱套。比如，电话费、煤气费、预约日期、考试成绩、列车时刻表、重量、长度、银行统计数据、账号等都与数字有关。我们生活在一个数字的世界里，一切事物都需要统计、量化和计算，所以，数字很重要。

现在如果我给你一个数字，比如 34286492，你肯定很难记住，或许你转身就忘记了。可是，假设我告诉你一个好消息：你的彩票中奖了，你赢得了创纪录的 34 286 492 美元。这个数字是不是突然之间让你产生了某种联想？此时，它就具有了某种意义。

我们只有在数字有意义的时候才能真正理解它们，否则它们就没有生命、单调乏味、枯燥无聊，容易被人遗忘，因为没有任何人物形象能够与它们对应。

现在你可能会产生疑问：这家伙怎么能记住 1 780 位数字呢？那是因为我赋予数字人物形象，给它们注入了生命，这就是被我称为"多米尼克系统"的核心。你如果热衷于使用首字母缩略词，就可以称这种方法为"将经过助记符号解读的数字转换成人物"（*Decipherment of Mnemonically Interpreted Numbers into Characters*，首字母组成的词为 Dominic，即多米尼克）。

当我看到两个连在一起的数字时，我不仅仅看到了数字，还看到了一个人。例如，当我看到数字 10 时，我就会想到演员达德利·摩尔。为什么想到达德利·摩尔呢？因为他主演了喜剧电影《十全十美》(10)；当我看到数字 23 的时候，我就会想到演员平·克劳斯贝（Bing Crosby）。为什么会想到他呢？英语字母表中第 2 个字母是 B，第 3 个字母是 C，它们是 Bing Crosby 的首字母。

我们再看另外一个例子。看到数字 07，你会想到什么？我会想到 007（詹姆斯·邦德）。看到数字 72，我会想到乔治·布什。为什么？因为字母表中第 7 个字母是 G，第 2 个字母是 B，它们是 George Bush 的首字母。从 00 到 99 的每一组数字，我都将其看作某个人物形象。

此外，每个角色、每个人都有自己独特的道具和动作。比如，对于与数字 23 相对应的平·克劳斯贝，我会让他装饰圣诞树，因为一想到他我脑子里就会出现他主演的电影《银色圣诞》。比如，我会想象詹姆斯·邦德身穿白色燕尾服，手里拿着枪。至于达德利·摩尔，我会想象他在弹钢琴，因为他是一位伟大的钢琴家。

我有一套密码，可以让你把数字转换成人物形象，只需将 10 个数字转换成字母就可以了。

　　1 = A　　　　　6 = S
　　2 = B　　　　　7 = G
　　3 = C　　　　　8 = H
　　4 = D　　　　　9 = N
　　5 = E　　　　　0 = O

数字 1 的密码是 A，这是字母表中的第 1 个字母；2 的密码是 B；3 的密码是 C；4 的密码是 D；5 的密码是 E。数字 6 略有变化，它的密码是 S，因为它的发音与单词 sexy 类似。接下来我们回归正常字母顺序，7 的密码是 G；8 的密码是 H。数字 9（nine）中有两个字母 N，所以我们规定 9 的密码是 N。数字 0 看起来像字母 O，所以它的密码是 O。

你一旦把这些字母记在脑子里，并且知道如何转换，就能得到各种各样的人名首字母组合。比如数字 33，转换成字母就是 CC，所以你可以将其想象为查理·卓别林（Charlie Chaplin）。43 这个数字转换成什么字母组合？答案是 DC，把 DC 想象成魔术师大卫·科波菲尔（David Copperfield）怎么样？

在接下来的几天或几个星期内，以下面的表格为范例，将连在一起的两个数字与人物形象联系起来。什么样的人物都可以，可以是王室成员、政客、家庭成员、朋友等。当然，你也可以使用虚构的人物形象。

表 8-1 数字与人物形象、行为的联想

数字	字母	人物形象	动作
00	OO	奥利芙·奥伊	吃菠菜
06	OS	奥玛·谢里夫	打桥牌
07	OG	奥根·格莱因德	耍猴
08	OH	奥利弗·哈台	训斥斯坦
09	ON	奥利弗·诺斯	否认事实

需要说明的是，这种联想完全出于个人偏好。比如，对我来说，数字 57 让我想到的是我们家的一个朋友，名叫特雷莎。我出生时，特雷莎来到我们家帮助我母亲照顾家人。为什么与之对应的是 57？

第 8 章 多米尼克系统　061

因为那是我出生的那一年，所以我总是把特雷莎和57联系在一起。比如数字49，旧金山橄榄球队49人队中可能有你最喜欢的运动员，所以你会将二者联系起来。这种联想对大脑是一种很好的锻炼。

你如果不能找到某个数字和人物形象之间的直接联系，就使用我在上面给出的密码吧，这样可以把数字转换成字母。例如，根据我设定的密码，53对应的字母是EC，我会由此联想到吉他手埃里克·克莱普顿（Eric Clapton），因为E是字母表中第5个字母，C是第3个字母。我前面提到过，每个人物都应该有一个道具和一个动作，所以，在我的想象中，埃里克·克莱普顿正在弹吉他。

为什么我选择让两个连在一起的数字对应一个人物，而不是一个物体？因为，我用了很长时间开发这些技巧和系统，在这一过程中抛弃了那些没有用的技巧。最初，每一组数字对应的通常都是一个物体，比如数字35对应的可能是一本书，数字47对应的可能是一个花瓶，而数字19对应的则可能是一把雨伞。但当我试图记住较长的数字序列时，我发现这些物体很难被记住。

于是我开始使用各种各样的人物，结果发现记住人物要比记住物体容易得多，因为物体和数字一样，通常很枯燥。如果你对着一只花瓶大声嘶吼，那么，即使你吼得脸红脖子粗，它也不会有任何反应。但是，如果你对着人大吼大叫，那么对方很有可能也冲着你吼，甚至可能会把花瓶砸向你。人是形形色色的，你可以把人物形象置于任何环境、任何地点。这是问题的关键。下面我们再看几个例子，记住，我们需要在这个过程中添加道具和动作。

以数字08为例。根据我设定的密码，08对应的字母是O和H，我们可以将其转换成奥利弗·哈台（Oliver Hardy），他正在转动一块厚木板。数字33（对应CC）对应的早期喜剧演员查理·卓别林（Charlie Chaplin）有何动作呢？他正在拗弯手杖。数字18（对应AH）对应的是谁呢？对我来说，18对应的人物形象是电影导演阿尔弗雷德·希区柯克（Alfred Hitchcock）。我总是把他和电影《惊魂记》联系在一起，所以他的动作是洗澡。

实际用途

我们怎样才能把上面这种方法付诸实践呢？现在，我要你想象一下你在火车站，我会给你设定一个时间，这个时间是火车每小时发车的时间。想象一下那座火车站，火车在每个整点之后的第8分钟发车。想象一下火车站站台，奥利弗·哈台正在转动一块厚木板，可能引起了混乱，把所有乘客撞到铁轨上。怎么样，想象出来了吗？

再看另一个例子。假设你的一个朋友来到公交车站。你首先需要定位到那个地点。记住这三个关键要素：联想、定位和想象，想一想你熟悉的公交车站。你的朋友乘坐的是53路车，这个数字转换成的人物是吉他手埃里克·克莱普顿。你可以想象埃里克驾驶着公交车，一边开车一边唱着"你今晚看起来很迷人"。

实际情况可能会更复杂一点儿。假设公共汽车的车次是532，这时你就得有点儿创意了。

想象一下数字形状。连在一起的两个数字53让我们联想到的是埃里克·克莱普顿，后面跟着的数字2的形状像一只天鹅。因此我们可以想象埃里克在公共汽车上抱着一只天鹅。这一形象太奇怪了，但令人印象深刻。如此一来，你就能记住公共汽车的车次532了。

比如，你有一个客户，他让你给他回电话，他的分机号码是184。怎样才能记住这个号码呢？你要做的第一件事就是想象出一个地点，比如办公室。

现在，我们把数字分成一个人物形象和一个数字形状。数字18对应的是电影导演阿尔弗雷德·希区柯克，他在你朋友的办公室。数字4的数字形状是什么？是帆船。想象一下阿尔弗雷德·希区柯克在帆船上的情景，而这一幕发生在你朋友的办公室里。这样一来，你采用联想、定位法，把人物形象的相关信息定位到特定的位置。

一些更有趣的例子

接下来，我们再介绍一些更有趣的例子。首先以数字3135为例。这次我们把它分成数对31和35：31对应的字母是CA，由此我们联想到的是健身界传奇人物查尔斯·阿特拉斯（Charles Atlas）；35对应的字母是CE，由此我们联想到的是著名影星克林特·伊斯特伍德（Clint Eastwood）。查尔斯·阿特拉斯的动作是举重，因为他是一名健身达人。至于克林特·伊斯特伍德，你可以想象他一边抽着雪茄一边说："快动手啊，我求之不得！"我们如何将这两个人物形象结合起来呢？

如果数字是3135，你就可以让查尔斯·阿特拉斯使用克林特的动作，也就是抽雪茄。你可以想象查尔斯嘴里叼着雪茄，说道："快动手啊，我求之不得！"

如果数字颠倒过来会怎样？假设数字是 3531，你如何联想？仔细想一想就可以想出答案：克林特·伊斯特伍德在健身或举重。

我们再看另外一个例子。数字 27 可以转换成字母 BG，由此我想到的是比吉斯乐队（Bee Gees），然后会联想到他们穿着紧身的白色喇叭裤，一只手举向空中，高声演唱《周末的狂热》。

我们再以数字 7227 为例，它涉及两个人物形象。乔治·布什对应的是数字 72，比吉斯乐队对应的是数字 27。现在，你知道我要做什么了吗？我要让乔治·布什做比吉斯乐队的动作。你可以想象乔治·布什穿着白色紧身喇叭裤，一只手举向空中，高声演唱《周末的狂热》。

事情开始变得有趣起来了。我们再看另一个 4 位数的数字，比如 3615。根据我的密码，数字 36 对应的字母是 CS，我会想到名模克劳迪娅·希弗（Claudia Schiffer）；数字 15 对应的字母是 AE，我会想到科学家阿尔伯特·爱因斯坦（Albert Einstein）。然后我会联想克劳迪娅·希弗在走台步，阿尔伯特·爱因斯坦在黑板上用粉笔写公式。如果数字是 3615，那么你可以想象克劳迪娅·希弗在黑板上用粉笔写公式。

对于数字 1527，你会联想到什么？你可以联想阿尔伯特·爱因斯坦高声演唱《周末的狂热》的情景。对于数字 7236，你可以想象乔治·布什在 T 台上来回走台步的情景。如果你喜欢运动，那么对你来说，数字 72 对应的人可能不是乔治·布什，而是芝加哥熊队的威廉·佩里，因为他穿着 72 号球衣。可以想象一下他穿着紧身的白色喇叭裤高声演唱《周末的狂热》的情景。同样，对于数字 23，你可以选择篮球运动员迈克尔·乔丹，而不是平·克劳斯贝，因为乔丹穿的是 23 号球衣。

如你所见，你可以使用这些人物形象来记忆各种各样的数字信息。你能感受到你突然给这些数字注入了生命。现在，它们变得充满活力、多姿多彩。

除此之外，这样做还能很好地锻炼你的大脑，提升你的创造力和想象力。也许思考这些细节会让你的大脑承受一些压力，但请记住前面提到的那句话：梅花香自苦寒来。所以，一定要坚持下去。

预约日期

现在我们来看一下有关预约日期的记忆问题。假设你想记住你和牙医预约了 7 月 18 日牙科门诊。在这种情况下，你首先要记住月份，也就是 07，然后是日期，也就是 18。这又让你联想到两个人物形象：07 对应詹姆斯·邦德，18 对应电影导演阿尔弗雷德·希区柯克。

你首先需要做的是进行定位，现在马上想想牙医所处的位置，想想那个地方。

现在就看你如何设计当时的场景了，你可以把它设计成一个精彩的小故事。比如，你可以让詹姆斯·邦德在牙医那里四处追赶阿尔弗雷德·希区柯克，或者你自己也进入了当时的场景，看到詹姆斯·邦德正在洗澡，而这原本是阿尔弗雷德·希区柯克拍摄的一段剧情。

我们再看看另外一个与你有关的例子。假设你在街上碰到你的律师，他匆匆忙忙对你说："你一定要记住，那个案件马上就要开庭了,时间是 11 月 23 日。"当时你身上没有纸笔,那么,怎样才能记住这个日期呢?你只需保持冷静,一步一步地回顾这些技巧。首先需要做什么呢?

不妨从你们谈话的主题入手。你们谈论的是案件庭审,所以地点一定是法庭。现在你可以想象一下自己去过的法庭。接下来看一下预约日期——11 月 23 日,转换成数字就是 1123。此时此刻,你肯定已经自然而然地联想到了某些人物。我马上想到的是网球运动员安德烈·阿加西(Andre Agassi)和演员平·克劳斯贝,对应的数字分别是 11 和 23。所以你可以想象安德烈·阿加西坐在法官席上,平·克劳斯贝坐在证人席上。

你如何想象并不重要,重要的是现在你把日期变成了人物形象,这样你就永远不会忘记了。当你不需要把事情写下来的时候,生活就变得简单多了。

关于旅行记忆法的另一个练习

在讨论有关电话号码的记忆技巧之前,我想先带你做一个练习。上一次的旅行记忆法是在你家里进行的,这次我要把这段旅程从你家扩展到大街上。例如,旅行应该从你家的房门开始,然后是你家的大门口(如果你家有大门)。第三个阶段可能是人行道。在那之后,可能会是公交车站,接下来可能会看到一个卖甜甜圈的摊位,最后是交通信号灯。这一次,我只需要 6 个阶段。

现在假设你已经规划好了这 6 个阶段,我们可以赋予每个阶段更多的信息。和往常一样,这次旅行将和你要记忆的信息的顺序保持一致。接下来，我们一起来解决这个问题。这次我将给你提供一系列人物形象，所以暂时不要担心数字问题，只需想想我给出的人物形象。

想象一下，你站在房门处，房门打开，出现在你面前的是查尔斯·阿特拉斯。你还记得吧，他是健身达人，所以他站在门口举着一对儿哑铃。

同样，此时你要运用大脑皮质的所有技能，包括触觉、味觉、视觉、嗅觉和听觉，运用幽默、夸张和色彩等手段，同时使用逻辑推理。他在那里做什么？你是不是有点儿震惊？

好了，现在放过查尔斯，进入此次旅行的第二个阶段。此时你也许来到了大门口，你在这里遇到了谁？这次你见到的是因《捉鬼敢死队》而出名的演员丹·艾克罗伊德（Dan Aykroyd）。你会把他和什么联系起来？也许他正背着强大的能量包，浑身散发出某种黏糊糊的物质。你想象出那种情景了吗？那种景象应该很"美"吧！

你从丹的身边经过，进入下一阶段。也许你会来到人行道上，注意，环境要宜人，距离不能太远。这次你将会见到历史上的著名人物——尼禄皇帝（Emperor Nero）。我看到他将一只手伸出来，拇指朝下，对你比画了一个反对的手势。你看他一眼之后，从他身边经过，你将进入此次旅行的下一阶段，比如公交车站。下一个人物形象是谁？这次你要见到的是吸血鬼题材小说《德古拉》的作者布拉姆·斯托克（Bram Stoker）。他正在把火刑柱钉入地里。这发生在第四个阶段，不管地点在哪里。

此刻，你来到了第五个阶段，可能是甜甜圈摊位。这次你要见到的人物形象是吉他手埃里克·克莱普顿。显然你现在要使用听觉，

快速记忆　　068

因为他正在弹吉他。他演奏的是什么音乐？演奏的是电吉他吗？是不插电的吗？也许他正在演奏《莱拉情歌》。

现在，让我们跟埃里克说再见，进入最后一个阶段，不管地点在哪里。你现在可能在红绿灯处，这次你遇到的是作家欧内斯特·海明威（Ernest Hemingway），我联想到他正在读书。再强调一下，你需要运用你的想象力，稍微夸张一点儿，比如把那本书想象成一本非常大的书，这样它就能在你的脑海中留下深刻印象。

现在我们已经见到 6 个人物形象了。在你脑海中回想一下前面的场景，不要着急，慢慢回忆。在房门处发生了什么？一个人举着一对儿哑铃，对了，那人是查尔斯·阿特拉斯。在大门口遇到的那个人是谁？那个人浑身散发出捉鬼时产生的物质，那一定是丹·艾克罗伊德。

好了，我们继续回忆。现在你看见了谁？对，看到的是尼禄皇帝，他正在拇指朝下向你做手势。然后你又看到了布拉姆·斯托克，他正在把火刑柱钉入地里。倒数第二个人正在演奏音乐，那一定是埃里克·克莱普顿在弹吉他。最后一个人是那个手里捧着一本书的人：欧内斯特·海明威。

如果仔细思考一下整个过程，无论是顺序还是倒序，你可能都能回想起来。你从这些人物形象身上发现了什么？不管你喜不喜欢，我都会引导你记住圆周率 π 的前 11 位数字。圆周率是一个无限不循环小数，你刚刚记住的人物形象转换成数字就是这样的：3.1 对应查尔斯·阿特拉斯（Charles Atlas），首字母 CA 对应 31；41 对应丹·艾克罗伊德（Dan Aykroyd），首字母 DA 对应 41；59 对应 EN，即尼禄皇帝（Emperor Nero）；26 对应布拉姆·斯托克

第 8 章　多米尼克系统

（Bram Stoker），首字母 BS 对应 26；53 对应埃里克·克莱普顿（Eric Clapton），首字母 EC 对应 53；58 对应欧内斯特·海明威（Ernest Hemingway），首字母 EH 对应 58。

现在你开始明白如何记住超长数字了。你只需要反复记忆几次那次短暂的旅行，把旅行过程转换成数字，就得到了 3.141 592 653 58。这花不了多长时间，你只需要想象一下那段旅行你能走多远就可以了。

如果你弄明白了其中的道理，你需要的就只是足够多的阶段，而一旦你选定了相关的人物形象，你就能够继续旅行，从而很容易记住 100 个数字。有人已经明白了其中的道理，在我写这本书的时候，记忆圆周率的世界纪录是小数点后 70 030 位，这不足为奇。该纪录是由印度人苏雷什·库马尔·夏尔马保持的。我猜想他一定是借助某种旅行记忆法进行记忆的。

记忆电话号码

现在你肯定看到了这个方法多么有效。当然，你可以用它来记忆电话号码。假设你的老板让你在华尔道夫酒店订一个房间，但当时你正在用手机接听老板的电话，身上又没带笔，而他在电话里直接告诉你酒店的电话号码。

你首先需要做的是什么？你需要想到那家酒店，也就是定位，之后你想象出来的各种形象都要安排在这里面。好了，下面我告诉你酒店的电话号码：234-3289（这不是真实的电话号码）。

一看到这些数字，我立即就会想到这样一些人物形象：23 对应平·克劳斯贝。我们可以把他安排在酒店前门处,他是门厅侍者。(我们需要在这里编一个小故事。)

下一组数字是43。我会将其与大卫·科波菲尔对应,所以他也许会在大厅里表演某种魔术。接下来出现在前台的是数字28,与之对应的也许是喜剧演员本尼·希尔(Benny Hill)。最后一个数字是9。如果你还记得前面提到的数字形状,那么你会想到9的形状是用细线连接的气球。这样,你就可以很容易地想象出这样的镜头:本尼·希尔出现在前台,打扮成小丑,手里拿着用细线连接的气球。

你看,你只用了几秒钟就把这些数字转换成了人物形象,但你可以长时间记住这个电话号码。你要做的就是多复习几次,这样就一辈子也忘不了了。

总结一下:记忆数字时,试着把连在一起的两个数字转换成人物形象,想想二者之间的联系,比如用旧金山49人队的乔·蒙大拿对应数字49,用詹姆斯·邦德对应数字07。使用多米尼克系统将数字转换为字母,再把这些字母变成名人或朋友的首字母,然后通过联想,将这些人物形象融入故事或场景,并将其固定在相应的位置上。

假设你想记住一家计算机商店的电话号码,你要做的第一件事是什么?想想你已经知道的某家计算机商店,现在就想一下。你需要记忆的号码是53-08-15,一共6个数字,所以我们不用担心会出现第7个数字。

看到53-08-15之后,我立刻想到,53对应的是吉他手埃里克·克莱普顿,所以你可以把他安排在停车场。下一组数字08让我想到了喜剧演员奥利弗·哈台，也许他正在商店门口转动那块厚木板。最后一个数字是 15，它让我想到阿尔伯特·爱因斯坦，我们可以把他安排在收银台。当然，他不需要任何电子计算器，因为他有自己的黑板。

我们看一下这里所发生的一切：你把枯燥乏味、缺乏想象力的信息和毫无意义的数字变成了生动的、有意义的、令人难忘的各种形象。

再给你举一个例子。你的老板想让你安排他与一位重要客户共进午餐。他对你说："你能带这个人去迪诺的意大利餐厅吗？"你马上想象出一家意大利餐厅，这是第一步，即确定位置。

然后，老板说："电话号码是 66……"所以你马上想到，与数字 66 对应的是西尔维斯特·史泰龙（Sylvester Stallone），我们会安排他在这家餐厅当服务员。老板接着说："……94……"数字 94 可以转换成尼尔·戴蒙德（Neil Diamond），我们会安排他在吧台服务。老板最后告诉你的两个数字是 72，所以我们会安排乔治·布什（George Bush）在厨房里煎炒烹炸。那家意大利餐厅的电话号码是 669472，我们只用了三个人物形象就让你记住了这个电话号码。

只要花一点儿时间，你就能省去工作中的许多麻烦，甚至可以让你的事业更上一层楼。当然，你可以随时把电话号码写下来，但是具备这种记忆能力、做好备份难道不是更好吗？

我再举个例子。假设你接到了妻子或丈夫从机场打来的紧急电话，让你记住一个电话号码 36-84-87。你要怎样把它记下来？地点是机场，所以你可以想象机场中任何一个地方。

想象一下机场跑道，数字 36 对应的人物是名模克劳迪娅·希弗，数字 84 对应的字母是 HD，这让我想起了动画人物矮胖子（Humpty Dumpty）。所以我们可以让克劳迪娅·希弗从墙上掉下来（这本来是矮胖子的动作），砸在最后两个数字 87 对应的人物休·格兰特（Hugh Grant）身上。总结一下：世界名模克劳迪娅·希弗从墙上掉下来，压在演员休·格兰特身上。我认为休·格兰特对此不会有任何怨言。

一旦掌握了数字语言，你就会发现记忆变得简单而有趣。数字语言不仅是一种很好的脑力锻炼，而且非常实用，可能是你可以使用的最有价值的数字处理工具之一。

在练习时使用连在一起的两个数字，从 00 到 99，掌握属于你自己的 100 个人物形象。不妨现在就看看你的电话号码能转换成哪些人物形象，但最重要的是一定要有趣。我每天都进行这种练习。

你可以经常进行自我测试，直到一看到数字立即就能自动想到其对应的人物形象。很快你就会发现，像电话号码、日期、日程这样的数字，记忆起来更容易了。当然，你越是用这种方式锻炼你的大脑，你就越能释放自己强大的记忆能力。

现在，你肯定已经感觉到你的大脑越来越强大了。下一章我们将继续介绍更多令人兴奋的记忆技巧。

第 9 章

克服你最大的恐惧

你最大的恐惧是什么？在英国，人们最害怕的可能是蜘蛛，其次是站在公众面前讲话。不管在什么场合，哪怕站在自己的家人和朋友面前，仅仅说几句话都可能让人感到极度不安。

你可能是一名演员、政客、牧师或者教师，但无论你从事什么职业，在生活中，你都必须站出来讲话。比如，你可能打算向你的老板抱怨一通。这一天终于来了。经过精心准备，你满怀希望地去见老板，打算一吐为快。结果如何？

你走进老板办公室，突然紧张到一句话也说不出来。你的老板问你："你想说什么？"而此时你的大脑一片空白，你最终错过了这次机会。

在生活中，有时我们有机会让别人倾听我们的观点。因此，想象一下这种情景，想象着你大步走向讲台，面对 200 名观众，其中有你的老板和同事。此时你的一个朋友说："等一下，他忘了拿他的讲稿。"

你的朋友有点儿担心你，你却表现得信心爆棚。你开始讲话，语气充满活力，没有丝毫含混不清。在演讲过程中，你引经据典，即兴发挥，表现得幽默诙谐，大家开始和你一起开怀大笑。演讲结束，你走下舞台，所有人都欢呼、鼓掌，被你的演讲深深打动。为什么会产生这种效果？因为你在演讲过程中没有含糊其词，没有紧张，更重要的是，你没有看讲稿，没有照本宣科。

我要教给你的记忆方法能够让你获得这种效果，这种方法和古希腊人的历史一样悠久。如果你发现古希腊人的其他一些技巧很容易学会，那么这个技巧学起来也同样简单。

为什么我们害怕演讲？知名演员、主持人鲍勃·霍普说过："如果观众喜欢你，那么他们不会为你鼓掌，只会让你继续表演。"我们之所以会害怕演讲，我想可能是因为我们害怕所有人的目光盯着自己。此时你是大家关注的焦点，但你担心自己会成为嘲笑的焦点。

我的一个朋友罗恩说，他曾参加过一次公司培训，现场的每个人都必须站起来介绍自己，讲述自己的人生经历，时间大约为5分钟。罗恩的发言被安排在最后，离他发言的时间越近，他就越紧张。等到轮到他的时候，他站起来，只说了一句话："我就不浪费大家的时间了。"说完就坐下了。

很多人都曾遇到这种情况，以著名导演史蒂文·斯皮尔伯格为例。有一次，他在给美国某高校法律系的学生演讲时，内心十分紧张，连自己的母语英语都忘记怎么说了，不得不用法语思考，偶尔说出一两个英文单词。这种恐惧持续了一两分钟。除了昆虫，斯皮尔伯格最害怕的就是公开演讲。

有一次，马克·吐温不得不做一个关于伟大领袖的演讲。他也讨厌演讲，于是他说："恺撒和汉尼拔都去世了，惠灵顿去了一个更好的地方，拿破仑去了地下。老实说，我自己也不太舒服。"说完就坐下了。

最伟大的演讲者都是那些曾为演讲殚精竭虑的人。我认为没有人是天生的演说家，每个人都必须为此付出艰苦努力。几年前，一想到要演讲，我就会感到害怕，但现在我经常四处演讲。你能想象世界记忆冠军拿着一大堆讲稿站在公众面前的情景吗？这会让我成为笑柄。

所以我必须学会演讲，事实上我也做到了，因为我使用了一些非常简单的技巧，它们和我用来记忆纸牌的技巧一样。接下来我要教你这些技巧。需要说明的是，这并不意味着你必须一字不差地记住你的讲稿，当然，除非你是一名演员或者你在复述别人的话。听众想要听你带有艺术性的演绎，想要听你没有丝毫做作痕迹的发言。在此我并不是想说我的演讲是世界上最精彩的演讲，我能做的是利用我的记忆。它能让我和观众保持眼神交流，这意味着我始终在与他们互动，我能够掌控现场观众。

大脑演讲档案

在公共演讲课程中，你一旦确定了演讲主题，就要学着把它分成几个要点，然后把这些要点记录在提示卡上。比如，你可能会列出 10 个要点，利用这些要点把演讲内容串联起来。这比使用分散的草稿纸要好得多，因为草稿纸可能会杂乱无章。但你可能也会弄乱提示卡的顺序，或者弄丢提示卡。最优秀的演讲者完全可以凭记忆来串联演讲内容。下面开始介绍我发明的大脑演讲档案。

很明显，你要做的第一件事就是准备演讲稿。为此，我们可以采取各种各样的技术。我采用的方法是"思维导图"，这是一个叫托尼·布赞的人发明的。准备一张大白纸，在中间简单绘制出关于演讲主题的图像。如果主题是某个新产品，就画出该产品的草图。然后以草图为中心，写下所有的想法。你可以画出呈辐射状的分支，在上面标上小符号、小图案，然后尽量在每个分支上标注一个词语。当然，每个分支还可以分出更小的分支。

练习结束后，你面前的这张纸上就写满了你的想法。它就像一面镜子，反映了你的思想，你可以看到全部演讲内容都呈现在你面前。

此时此刻，你能够把握演讲的结构，可以看到最重要的话题。然后，你把它们分成几个要点。思考一下你接下来要做什么。你要把这些要点转换成关键形象。接下来，这些关键形象就要开始旅行了。

与达德利·摩尔和乔治·克鲁尼的一次旅行

现在你已经对如何设计一次旅行很熟悉了，因此我们只需稍加练习即可。或许你应该回到你最初围绕自家房子设计的那次旅行，因为我想让你想象包含 10 个阶段的旅程中的 10 个关键形象。你如果还记得第一次练习时的情景，就把书放下，重新设计一次旅行，比如围绕你的工作地点进行设计。

确定此次旅行计划之后，马上进入第一个阶段。当我提供信息时，请记住一定要运用所有这些技巧：运用想象、联想手段，使用颜色、幽默以及任何有助于形象构思的因素，同时还要将关键形象与具体位置联系起来。好了，现在我们开始吧。

第一个阶段对应的事物是董事职位。请对其进行定位，将其固定在某个位置，然后进入下一个阶段。这个阶段对应的事物是演员达德利·摩尔，请想象他出现在那个位置。他正在那里弹钢琴。继续前进，到了下一个阶段，你看到一大笔钱，很多美元，整整一大捆。

继续前进。这次我想让你想象一个正在冒泡的大试管，里面不断冒出蒸汽。

进入下一个阶段，现在想象一支长长的队伍，队伍里的人一个个面带微笑。

继续前进，进入下一个阶段。这一次，想象一个耍蛇人，增加相应的动作。

继续前进。在这个阶段，不管你在哪里，我都希望你遇到一个喜剧演员，比如脱口秀主持人杰·雷诺。他在那里做什么？你可以使用逻辑推理。

继续前进。在这个阶段，我想让你遇见《圣经》中的三位智者。

继续前进。在这个阶段，你遇到了另一个人物，演员乔治·克鲁尼。看看你能不能想象出他的面孔。同时你还要注意：他在那里做什么？他穿的是什么样的衣服？

现在，我们来到最后一个阶段，对应解雇这个词。思考一下解雇这个词让你联想到了什么。

好了，10个阶段到此结束。

像之前的做法一样，从头开始回顾一下此次旅行，在你的脑海中回放那些场景。在第一个阶段，你看到了什么？董事职位。下一个阶段，达德利·摩尔在弹钢琴。接下来是一大笔现金，即一捆美元。在下一个阶段，有一根试管在冒泡。下一个阶段好像是有人在排队，你想起来了，是面带微笑的排队者。在下一个阶段，你看到了一个耍蛇人。接下来是喜剧演员杰·雷诺、三位智者、乔治·克鲁尼，最后一个是解雇这个词。好了，回顾到此结束。

你如果对其中任何一个阶段不太确定，就放下书，回去"重拍"这些场景。这有点儿像电影导演的工作。当然，你的电影没有预算，你想花多少钱都可以。

当你确定自己已经记住这10个关键形象时，我们就可以进行一次简短的演讲了。

记忆演讲内容

现在，我已经给了你演讲所需的关键形象。当你开始阅读演讲稿时，这些形象就应该开始产生意义。接下来，我们看看你能否将关键形象与演讲内容联系起来。

你决定召开董事会，所以你把所有董事召集在一起。你想升任常务董事，并为此发表演讲。想一想你已经记住的所有关键形象。

> 女士们，先生们，早上好。今天召开这次会议的目的是，我希望能从X控股公司的普通员工晋升为公司的常务董事。

我的晋升理由非常充分。我在这家公司已经工作了10年，经验比你们很多人加起来还要丰富。

我创造的利润、研发的产品比其他任何人都要多。我的客户资源非常丰富，并且我和所有客户都相处得很好。本人魅力四射、诙谐幽默、明察善断、英俊潇洒。最后，我想补充一个最充分的理由：我那富可敌国的叔叔刚刚买下了这家公司，你们都被解雇了。

下面，我们一起回顾一下上面这篇短小精悍、言辞激烈的演讲，并从中挑选出关键形象。先看演讲的第一句："女士们，先生们，早上好。今天召开这次会议的目的是，我希望能从X控股公司的普通员工晋升为公司的常务董事。"整个这句话可以简化成一个形象：董事职位。

第二个形象是达德利·摩尔。正是这一形象让我在演讲中说我在这家公司已经工作10年了。多米尼克系统告诉我们，达德利·摩尔让人联想到数字10，因为他主演过电影《十全十美》。因此我说："我的晋升理由非常充分。我在这家公司已经工作了10年。"

接下来我说："（我的）经验比你们很多人加起来还要丰富。我创造的利润……"因此，此时的形象是那捆美元。紧接着出现的形象是试管，对应的是研发："……研发的产品比其他任何人都要多。"

接下来是队伍中面带微笑的排队者，因此我说："我的客户资源非常丰富，并且我和所有客户都相处得很好。"

接下来是一连几个形容词：魅力四射、诙谐幽默、明察善断、英俊潇洒。我们来看一下它们是如何与关键形象相关联的。第一个词"魅力四射"对应的是耍蛇人；第二个词"诙谐幽默"对应的是喜剧演员杰·雷诺；第三个词"明察善断"对应的是三位智者；第四个词"英俊潇洒"对应的是演员乔治·克鲁尼。演讲最后一句话是："我想补充一个最充分的理由：我那富可敌国的叔叔刚刚买下了这家公司，你们都被解雇了。"因此，最后一个关键形象是解雇。

这次旅行能确保你在演讲过程中永远不会忘记演讲内容，帮助你保持演讲进程，把握其中的要点、有点儿像导向绳。

这个技巧的其他优点是可以让你与观众进行眼神交流；让你与观众有更密切的接触，更好地参与到观众中去；让你感觉自己能掌控一切。你可以看着他们，你的演讲听起来更有说服力。不看讲稿会给人留下更深刻的印象，观众会认为你对讲话内容很有信心，即使事实并非如此。他们会觉得你这个人在演讲时胸有成竹、火力全开、驾轻就熟。

现在想一想可以使用这种方法的场合。你可以用它来记住想要讲的笑话，可以用来在众议院发表演讲，也可以作为婚礼上新娘的父亲或伴郎讲话。有些情景可能会让你感到恐惧，比如你要推介某款重要的产品，或者想要对你的老板表达不满。掌握这种方法之后，你可以镇定自若地走进老板办公室，对他说："我想澄清几件事情。"老板最不想看到的就是一堆提示卡或一堆杂乱的草稿纸。如果你能从容淡定地走进去侃侃而谈，那么你一定会给你的老板留下深刻的印象。

大脑演讲档案有点儿类似于讲稿提示器，就像你自己使用的简易的提示板。我不知道你是否注意到，如今的政客们都有自己透明的讲话提示板，这样可以让他们读取讲稿中的信息，同时与观众保持眼神交流。

旅行沿途的关键形象能够让你完全掌控整个演讲过程，你总能领先一步，因为你能看到关键的形象出现在自己面前。如果你真的忘记了其中某个形象，那么与此相关的信息可能一开始就不是那么重要。当然，你可以单独准备一张纸，记录演讲的要点。这样做并不意味着你一定会用到它，但它可以让你安心，万一遇到忘词这种糟糕的情况，你可以随时查看。

如果你准备好了演讲稿，并且已经把它转换成了一系列关键形象，你需要做的就是把这个过程从头到尾重复几次，把它记在脑海中。

在演讲中，你有时会受到干扰，但你内心记住的旅行路线图总能让你知道自己讲到了哪里。我教给你的这个技巧允许你偏离演讲内容。有时，在演讲过程中，有人会提问题。如果问题比较有趣，我们就可以偏离正题，讲讲题外话，但我们要知道什么时候应该回归正题。

这有点儿像在高速公路上开车。行驶途中，你看到一个有趣的景点，所以决定驶下高速公路，但在下高速公路之前你记下了当时的出口——10号出口，所以你知道从哪里返回高速公路。旅行记忆法也是这个道理。

还要记住，一篇成功的演讲稿包含一个起点、沿途诸多要点和一个终点。仔细想想你就会明白，演讲本身就是一次旅行，所以我们可以使用旅行记忆法。

记忆引述内容

如何记忆演讲中引述的内容呢？如果你想在演讲中额外加入引述内容，那么，只需将其分解成令人难忘的小镜头或小故事，让它发生在旅行过程的相关阶段。

假设你正在给孩子们做一场关于学习价值的演讲，你想引用亚里士多德的一句话："教育的根是苦的，但果实是甜的。"

你可以从这句引言中得到一个有趣的关键形象：一个男孩爬上一棵苹果树去摘苹果。你只需要把这一形象插入此次旅行中的相关阶段就可以了。你如果真的对引述内容感兴趣，就可能想把它们都记下来，存储在某个建筑或某个区域，比如博物馆或图书馆。

下面我给出一些例子，看看你如何将其形象化。奥斯卡·王尔德曾经说过这样一句话："艺术除了表达自身，从不表达其他任何东西。"对于这句话，你有什么想法？我看到了一幅画中画。

有关图书馆的一个练习

下面我们做另一个练习。这次我将给你5句需要记忆的名言，希望你将它们存储在某个区域。你可以选择当地一家图书馆，围绕这家图书馆构思一次包含5个阶段的短途旅行。你要经过图书馆入口，然后经过服务台，等等。构思妥当之后，你再继续往下读。

现在我要给你一些形象。首先进入第一个阶段，想象一部电影，什么电影都可以；在第二个阶段想象一台计算机；在第三个阶段想象一部电话；在第四个阶段想象一架飞机；在最后一个阶段想象一口油井。想好了吗？快速回想一遍：电影、计算机、电话、飞机和油井。

你可能在想："这是要干什么？他现在想让我记住什么？"

你是否有过这样的经历：在听别人讲笑话时，心中在想："真希望我能记住这些笑话。我对这些笑话的内容都很熟悉，但我希望当我需要的时候能随时触发记忆的开关，想起每一个笑话。"这种旅行记忆法能给你提供一个记忆触发器，让你想起引述内容或笑话。下面是一些我最喜欢的"惨遭否定的名言"。

第一个形象是电影。下面这句话出自华纳兄弟中的 H.M. 华纳之口，当时是 1927 年，刚刚开始出现有声电影。他说："谁想听演员说话？"

接下来的形象是计算机。与此相关的这句名言非常有名："我认为全球市场对计算机的需求可能只有 5 台。"这是美国 IBM（国际商业机器公司）主席托马斯·沃森在 1943 年说过的话。这是一个多么"伟大的"预言啊！

下一个形象是电话。1876 年，西部联盟电报公司（Western Union）内部一则备忘录这样写道："电话的缺点太多了，我们根本无法考虑将其用作通信工具。这个装置对我们没有任何价值。"

下一个关键形象是飞机。1895 年，英国皇家学会会长开尔文勋爵曾预言："比空气重的飞行器是不可能实现的。"

最后一个形象是油井。1859 年，埃德温·L. 德雷克打算招募一批钻井工人钻探石油，结果被招募来的工人们说："钻探石油？你的意思是只要往地下钻就能找到石油？你疯了吧？"

你可能需要反复读几遍这些名言，但每一个关键形象都可以作为记忆触发器，让你回忆起相对应的名言的全部内容，并且也能让你用来讲笑话。

轻松通过艰难的求职面试

接下来介绍一些高效记忆技巧，帮助你通过求职面试。在开始从事记忆工作之前，我曾在伦敦斯坦斯特德机场申请了一份工作。

在面试过程中，面试官说："奥布莱恩先生，你看，你如果想成功地得到这份工作，就需要掌握音标字母。你熟悉音标字母表吗？"

"原来是这样啊，"我回答，"我听说过，但并不真正了解。"

他递给我一张纸，说："你看，你需要按顺序往下读，A 是 alpha（希腊字母的第一个字母），B 是 bravo（喝彩），C 是 Charlie（查理）……"然后，他接着说："你如果想要得到这份工作，就必须学会音标字母，为第二次面试做好准备。现在我就把这张纸给你，你可以把它拿走，下次过来的时候我们要测试一下你掌握的情况。这是这份工作的必备技能。"

在他和我说话的时候，我已经开始记忆这些信息了。等他说完把纸递给我的时候，我说："好了，我想我已经掌握了。"说着，我把那张纸还给了他。

见状，他连忙说："不，不，不是这样的，你没明白我的意思。我是说你可以把这个带走，在空闲的时候把它学会。"

"我刚才已经学会了。"

"你说什么？既然这样，我考考你，与 Q 对应的是什么？"

"是 Quebec（魁北克）。"

"那么与 R 对应的是什么？"

"是 Romeo（罗密欧）。"

"好吧，你能从头到尾背一遍吗？"

"可以。从头到尾依次是 alpha，bravo，Charlie，delta（希腊字母的第四个字母），echo（回声），foxtrot（狐步舞），golf（高尔夫球），hotel（宾馆）……"

"太棒了。你究竟是怎么做到的？"

"我只是记性很好而已。如果你愿意，我还可以倒着背诵，Zulu（祖鲁人），Yankee（洋基队），X-ray（X 光）……"

"好了，"他说，"没有这个必要了，你得到了这份工作。"

能够做到这一点可以说是锦上添花，你可以通过训练自己的记忆、借助大脑事实档案做到这一点。在那次面试之前，我做足了功课，把事实和数据转换成了关键的形象，将其安排在构思出来的旅行过程中。

我们不妨站在面试官的角度看一下这个问题。如果有人费心研究了贵公司的背景，那么你会不会觉得印象深刻？此人会让你觉得聪明、热情，他问的所有问题都恰如其分。

你的工作履历或个人简历该如何整理？花点儿时间记住自己的履历是很有必要的。你可以再次使用关键形象，构思一次旅行，从而将个人经历进行排序。这可以防止你在面试时出现支支吾吾、语焉不详的情况，不至于说出"我真的不记得当时我在做什么"之类的话。面试官不喜欢个人简历上的空白。

大脑事实档案有助于有效地整理你的想法。最糟糕的情况就是当你需要给人留下好印象的时候,你的大脑却一片空白。你可能会发现你需要一到两次旅行:一次是记住个人简历,另一次是记住公司的有关细节。你可以存储的信息量是没有限制的,你可以记住财务数据、资产负债表、客户资料、重要员工资料,甚至股价。

在此提醒一句:不要在整个面试过程中凭着记忆滔滔不绝地说出各种数据,否则面试官可能会认为你是个疯子,或者会感到不安,以为你在觊觎他的工作。

我要给你的另外一个建议是(我父亲也曾这样提醒我):你在表达自己经过深思熟虑的想法时,不要使用那些陈词滥调,尽量让自己的表达言简意赅、逻辑清晰、令人信服,说话时不要遮遮掩掩、吞吞吐吐,最重要的是,不要夸夸其谈。

语言表达一定要简洁明了。你来面试是为了什么?是得到这份工作,还是用连自己都听不懂的语言把面试官说得糊里糊涂?

在任何面试中,你都可以围绕工作地点采用旅行记忆法,可以使用所有可用的工具,比如助记符、数字形状、数字押韵,甚至可以使用多米尼克系统。你可以使用有关名字和面孔的记忆方法,单凭这一点,你就能得到这份工作。

目前,求职市场竞争异常激烈,所以为什么不让自己先于他人占据优势、得到其他人都渴望的工作呢?方法很简单,关键在于你能否记住自己的简历,能否把你的人生履历转换成丰富多彩、意义深刻的形象。

简要总结一下:要想记住你的演讲稿,首先要把演讲内容浓缩成几个要点,然后把富有想象力的、生动的、有意义的关键形象与每个要点相对应,把每个关键形象安放在熟悉的记忆旅行的不同阶段。这一旅行会起到向导的作用,确保你不会弄混讲话的顺序或忘记讲到了哪里。它是专属于你自己的大脑演讲档案,是一个看不见的讲稿提示器。

不要逐字背诵你的演讲稿。观众想听你说话,想听你的即兴发挥,想听你说的一切,包括可能出现的错误。在准备求职面试时,你可以利用大脑事实档案来存储数据,包括面试公司的确切资料、你的个人简历或工作履历等等。这些都可以通过关键形象和记忆旅行存储起来。

第 10 章

一次包含 31 个阶段的旅行

你是否注意到现在我们的时间压力越来越大？我们似乎越来越依赖智能手机、电子备忘录等电子产品。我认为这导致了记忆能力的持续下降，因为我们不需要过多地运用我们的大脑。

相比之下，日本人虽然也热衷于电子产品，却控制得很好。与我们相比，日本人似乎更依赖自己的记忆，他们似乎根本不用电子备忘录。虽然电子备忘录很有用，但如果你不小心弄丢了，或者你的智能手机电池没电了，那该怎么办？

无论从哪个方面来说，能够完全掌控自己的待办事项、能够瞬间准确知道自己在哪一天应该做什么，都是很好的事。借助心理日记，你完全能够做到。

通过设计一个包含 31 个阶段的旅行，你一眼就可以看到你在一个月里需要做的事情。这次旅行的每个阶段都代表这个月里的一天，预约待办事项被放置在相应的阶段。例如，假设你在 1 月 5 日这天和你的牙医有约，那么，在旅程的第 5 个阶段，你会看到你的牙医正拿着钻头等待你的到来。

我为自己设计了这样一次旅行，其中包含 31 个阶段。旅行从山顶开始，俯瞰着我曾经住过的一个古老的村庄。事实上，那里是我出生的地方——英格兰南部的布拉姆利村。下面是此次旅行的全过程：

我站在山顶上，那里有一座古塔，如今已是一片废墟了。接下来，有一个小树桩，我把它当作一个阶段。然后，经过一口井、一个秘密地道、一道通向花园的篱笆。

然后是一条老宅的车道、一道台阶，然后是另一棵树，我小时候常在那里野餐。旁边有一个旧棚子。此次旅行就这样不断向前。

到了第 27 个阶段，那里有个加油站。饭店是第 30 个阶段。最后一个阶段是第 31 个阶段，这里有一座教堂。

我们如何利用这一旅行来记忆待办事项呢？假设你必须在 27 日去图书馆还书。在我的旅行中，第 27 个阶段是一个加油站，所以我会想象一本大书靠在加油站的油泵上。

再看另外一个例子：假设我有一张 ABBA 乐队的演出门票，演出时间是 30 日。（没错，我是 ABBA 乐队的狂热粉丝。）为了记住演出时间，我想象乐队成员走进饭店，因为我旅行路线上的第 30 个阶段是一家饭店。另外，如果你想增加时间或数量方面的细节，你会怎么做？你可以使用数字形状或者利用多米尼克系统帮助记忆。

例如，如果我想记住 ABBA 的音乐会在晚上 8 点开始，我就用数字形状来记忆数字 8，8 的数字形状是雪人。我会把雪人融入现场，让它站在饭店外面。这样一来，我就不会忘记了：ABBA 的演出肯定在 30 日这天，因为第 30 个阶段对应的是饭店。具体演出时间是几点？只要想一想那个雪人，就能想起演出时间肯定是晚上 8 点。

同样，我知道和牙医的预约时间是 1 月 5 日，因为我的牙医正站在第 5 个阶段。如果预约的具体时间是下午 3 点，那么我该怎么办呢？我会让他戴着手铐站在那里。回想一下，3 的数字形状是手铐。也许，不管我喜不喜欢，他都打算把我留在那张椅子上。

通过这种办法，我只要俯瞰一下布拉姆利村，就能全面掌握接下来一个月的预约待办事项，同时看到完整的 31 个阶段。你一定要亲自尝试，比如研究一下你最喜欢的、了如指掌的一个散步场所，这样，过一段时间你就会知道，第 15 个阶段是车库，第 2 个阶段是停车场。

旅行的确可以体现事情发生的顺序，也由此记录了附着于事情上面的待办事项。当然，你依然可以使用普通的待办事项记事簿，但是，能完全掌控预约事项难道不是更好吗？假如你某天外出闲逛，碰到了一个人，对方问你："14 号那天有什么安排？"此时你无须说"我要查看一下日程安排才能答复你"之类的话，直接查看一下自己强大的内置日历，你的记忆，就可以了。

克服清单烦恼

现在你知道如何记忆待办事项了，但那些我们从来都没有时间做的日常琐事和任务该如何记忆呢？比如，人们经常说："我必须修剪草坪，必须处理一下厨房餐桌里的蛀虫，必须看望一下路尽头住着的那位老太太，必须加入健身俱乐部……"类似的事情似乎总是越攒越多，而你从来都没有时间去做，是不是？

这种情况可能会让你感受到压力，你开始夸大这一问题："需要我做的事情实在太多了！"尽管实际上需要做的事情用一只手就能数得过来。

解决这一问题的方法，当然是把日常琐事写下来，统筹安排。这就是每个人都在忙着列清单的原因。不过，这种方法也不是十全十美的，因为纸质清单可能会丢失，而且更糟糕的是，你可能会变成一个强迫症患者，一心只想列清单，可能会买一卡车便利贴，在墙上贴满备忘录。更有甚者，你每天早上都会列出一份总清单，其中详细列出你这一天必须做的事。

针对这一问题，我建议采取一种冷静而有效的解决方案：大脑待处理文件夹。与之前的做法一样，设计一次包含 10 个阶段的短途旅行，旅行地点一定是曾经给你留下美好回忆的地方。可以从你的蜜月旅行（前提是当年的蜜月旅行不是一场灾难）或童年的场景中选择一个地方。我选择的地方是我在一次完美假期中住过的酒店。这次，我要你和我一起去那个度假胜地旅行，而不是让你构思一次旅行。

下面，请试着跟随我的想象。我现在给你提供 10 个阶段。第一个阶段：阳光明媚的海滩。现在，往回走一会儿，海滩边上有一个酒吧。酒吧后面是一家餐厅，这是第三个阶段。餐厅窗户外面就是酒店的车道。

顺着车道往前走，就来到了酒店大堂接待处，此时我们处于第五个阶段。从那里往前走，就进入了休息室，穿过休息室，可以看到一个游泳池。在游泳池的后面,有一扇窗户通向卧室,从卧室出来,可以看到一个按摩浴缸,再往前走就是阳台。

我们需要重复一遍。和我一起想象一下:阳光明媚的海滩,然后是酒吧,然后是餐厅,穿过餐厅窗户来到酒店的车道,顺着车道来到接待处,然后穿过休息室。休息室后面是游泳池,游泳池后面是卧室。卧室后面有一个按摩浴缸,最后是阳台。记住了吗?

记住这个令人愉悦的环境之后,我们可以在其中安排 10 个关键形象,代表你可能需要做的日常琐事。首先回到那个阳光明媚的海滩,这次我想让你想象一下你的银行经理在阳光下懒洋洋的样子。想象银行经理在阳光明媚的海滩上,是为了提醒你去银行取钱了。

接下来来到酒吧。这次我想让你想象你找的水管工在酒吧里。这是为了提醒你浴室漏水了,必须修好。

下一个阶段是餐厅。想象一下,你的割草机就放在其中一张餐桌上。这是用来提醒你修剪草坪的。

穿过餐厅的窗户,来到酒店的车道上,你看到一个又大又脏的烟灰缸,它的作用是提醒你戒烟。

下一个阶段是什么?应当是接待处。想象你的姨妈在那里哭泣。这个场景提醒你该给她写封信了。

现在来到休息室。这一次,想象超人在电话亭里。这个场景告诉你该交电话费了。

接下来我们来到游泳池附近,游泳池里有一辆轿车。这个场景提醒你你的汽车需要接受年检了。

游泳池对着的是卧室。卧室里有一辆购物车。想象一下,购物车被包在床单里，这是在提醒你购物。至此，还剩下两个阶段。

按摩浴缸里有一台照相机。这是在提醒你冲洗照片。最后一个阶段：阳台上放着一个吸尘器。没错，这是在提醒你打扫房间。

看看你能记住多少个阶段。记不住也没关系，刚才我只是展示了这种大脑待处理文件夹的原理。

回到阳光明媚的海滩。谁在那里？银行经理，他提醒你取钱。在酒吧里出现的是水管工，他提醒你把浴室漏水的地方修好。在餐厅里，你看到了什么？割草机，它提醒你修剪草坪。酒店的车道提醒你必须戒烟，因为出现在那里的是一个脏兮兮的烟灰缸。

在接待处哭泣的那个人是谁？你的姨妈，她提醒你要给亲戚写信。休息室提醒你交电话费，因为你在那里看到了电话亭里的超人。在游泳池里看到的是你的汽车，它提醒你你的汽车该接受年检了；在卧室中，裹在床单里的是购物车，它提醒你购物；按摩浴缸提醒你冲洗照片，因为浴缸里面有一台照相机。最后，你在家里需要做什么？你要用吸尘器打扫房间。

你能看到这一旅行是如何按照你必须做的事情的顺序进行的吗？这就是大脑待处理文件夹的工作原理。虽然超市购物车被裹在床单里的画面有些荒诞，但它能说明一件事：你该去购物了。你的姨妈流泪也能说明一件事：你该给她写信了。

待办事项的顺序并没有那么重要。你一旦把所有要做的烦心事都公开，让它们融入旅途中令人愉快的环境，就会平等地看待每一件事情，这将使你更好地审视它们。

大脑待处理文件夹有许多用途。我在参加会议或接打重要电话时会用到它。我如果想表达某些要点，就会把那些要点转换成各种形象，放在大脑待处理文件夹中。没有什么比突然意识到（通常是在回家的路上）自己在一个至关重要的会议上忘了阐述最重要的观点更令人沮丧了。

我晚上在临睡前也会使用大脑待处理文件夹。我如果需要给送奶工留一个便条，就会想象第一个阶段中有一瓶牛奶；第二个阶段中的会计会提醒我必须给他打电话；第三个阶段的煤气表会提醒我支付取暖费。

使用这个技巧你可能会忽略一件事：当你有很多事情要做的时候，把其中一些事项划掉难道不是很好吗？比如，我找过水管工了，我修剪过草坪了，汽车已经完成年检了。这种情况下可以把已经完成的事项划掉。

每次在使用大脑待处理文件夹完成一件待办事项的时候，就向它扔一颗假想的手榴弹。比如，向海滩上的银行经理扔一颗手榴弹，把他炸得无影无踪，因为你已经做完了取钱这件事。向吸尘器扔一颗手榴弹，因为你已经用吸尘器打扫过房间了。这会让你感觉特别舒爽。

关于联想的一个练习

现在我们进行另外一个练习，该练习算是一个热身活动，旨在提高你的联想能力。我会给你一些成对儿的词语，包括一些物体和人物。你需要以最快的速度把每一对儿词语联系起来。现在开始：

苹果，彩虹

独木舟，贝蒂·戴维斯

德古拉，灭火器

斑马，黄色

火车，克莉奥帕特拉

电话，热气球

书桌，瀑布

帽子，弓箭

电脑，雨伞

围巾，裸奔者

一双溜冰鞋，兰博

三明治，灯柱

沙滩球，拿破仑

铅笔，火箭

麦克风，企鹅

书，秋千

乔治·布什，透明睡衣

平角裤，尼龙搭扣

锤子，大猩猩

炮弹，麦当娜

现在我猜你脑子里肯定出现了一些很有趣的画面。如果你真的建立起了联系（必须是瞬间联想到的），那么让我们看看你能不能通过一个词想到另外一个词。下面我将给出一个提示词，看看你能否想出与之对应的词。请把它写在提示词旁边,或者写在另一张纸上,照刚才说的去做。

黄色	三明治
苹果	雨伞
德古拉	拿破仑
独木舟	铅笔
热气球	企鹅
克莉奥帕特拉	书
书桌	透明睡衣
弓箭	尼龙搭扣
裸奔者	大猩猩
兰博	炮弹

把你想不起来的词语记下来。之所以想不起来,也许是因为你没有发挥足够的想象力。如果不是,就改变一下想象的形象,从而改变词语之间的联想。

你会发现,通过创建这些形象,你很容易产生联想。我不指望你能百分之百正确,但这是一个非常有用的练习,可以给联想插上翅膀。

与数字有关的练习

现在,让我们来做一些与数字有关的练习。与之前一样,我想让你先构思一次包含 10 个阶段的旅行。我会给你一些数字，请把它们转换成数字形状。这样一来，看到数字 3，你就会想到手铐，看到数字 2，你就会想到天鹅。

第一个阶段：数字 8。第二个阶段：0。继续往前，第三个阶段：还是 0。第四个阶段：5。后面依次是数字 2、5、9、0、0，最后一个阶段还是 0。

好了，现在从头回忆一遍所有场景，回忆一遍这 10 个阶段，你记住了什么？第一个数字 8 对应的是数字形状雪人吗？下一阶段，0 对应的是足球。紧随其后的还是 0。接下来，你是否想到了数字 5 对应的窗帘挂钩和数字 2 对应的天鹅？然后，又是数字 5。之后是数字 9 对应的细线连接的气球，接下来是连续三个 0。

这种方法可以用来学习任何科目。你还记得你在学生时期花在学习上的时间吗？也许是 1 万小时吧？其中有多少时间用在掌握学习方法上？你能回忆起哪堂课是用来学习记忆技巧的吗？你花了多少时间学习提高专注度的技巧？你上过有关观察技巧的课吗？你曾经利用想象或助记法帮你记忆吗？如果答案是否定的，那么，不仅你记不住前面的数字，我也记不住。

当年，我在学校里苦苦挣扎着学习的时候，人们期望我能尽我所能取得好成绩，但从一开始就没有人教过我如何学习。我不是天生就具记忆天赋的，关于这一点，你可能已经从我的成绩单中猜到了。遗憾的是，我不喜欢上学，整个学习过程对我来说都是一场痛苦的挣扎。现在我认为，每个孩子都应该被教会如何学习。

我非常欣赏这样一句话："教教师如何教学生学习。"教师应该对所有学生进行培训，教他们如何学习，至少每月一次，最好每个星期一早上的第一件事就是学习方法培训。

我收到了来自世界各地的信件和电子邮件,其中很多人对我说:"我看了你的书。"也有人对我说:"我学习了你的课程,并以优异的成绩通过了考试。"但他们同时也问我:"多米尼克,为什么教师们不在学校里教这些东西?"这个问题问到了点子上。

我16岁就辍学了,因为当时我已经无法应付学习了。我从一开始就不知道如何学习。如今,很多父母把孩子送到我这里学习。对,那个曾在1967年有阅读障碍的人,正在教人们如何学习。这一切听起来颇有些讽刺意味。我从来没有意识到学习竟然如此有趣。

在前文中,我提到了助记法。助记法是指所有能够帮助记忆的手段。比如,"约克的理查德徒劳地战斗"这句话帮你记住了彩虹的颜色。

再看另外一个例子。把"每个好孩子都值得宠爱"(Every good boy deserves favor.)这句话中每个单词的首字母连起来,得到E-G-B-D-F,可以帮助你记住高音谱表中每一线代表的音符。

你可以编很多朗朗上口的小短句帮助记忆。以物理为例,介绍一个我最喜欢的助记法:伏特等于安培乘以电阻($V = A \times R$)。你只需要想到"处女很罕见"(Virgins are rare,首字母连起来是V-A-R),就不可能忘记这个式子。

再看一个使用押韵的例子。"1492年,哥伦布发现了新大陆。"(Columbus sailed the ocean blue in 1492.)医学院的学生也很喜欢使用助记法。如果你能把化学符号、原子量或历史日期转换成各种形象,就会非常有趣。

让我们以地理为例。我以前讨厌地理这门课,分数是全班最低的，但是我现在很希望自己能回到学校重新学习地理。

让我们来谈一谈对于国家和首都的记忆，其方法是在国家和首都之间建立某种联系。例如，菲律宾（Philippines）的首都是马尼拉（Manila）。如何把这二者联系起来？我想起我的一个朋友，人称"憔悴的菲利普"（Philip pining），因为他经常生病。把菲律宾和马尼拉连起来看，就是"Philip pines, man ill"（菲利普变憔悴了，他生病了）。这有点儿牵强，但肯定是有联系的。

我们再来看看瑞士（Switzerland）的首都伯尔尼（Bern）。可以这样设想：瑞士人想出了一种新的仪式，他们站在山顶，赤裸着膝盖①唱着歌。这是一种快速、直接的联想，一下子就让人想起瑞士的首都是伯尔尼。这有点像巨蟒喜剧组合（Monty Python）早期的一则短剧，剧中有个场景是一个人站在积雪覆盖的山顶上，单膝裸露唱着歌。

你还可以使用另外一种记忆方法：幽默。人们都愿意回忆快乐的往事。如果你在这个过程中让联系变得有吸引力，换句话说，如果你能让大脑产生快乐的体验，你就更有可能想起当时的事情。

阿富汗的首都是喀布尔（Kabul）。你可以想象那里所有的汽车（car）都是由公牛（bull）驾驶的。只要你愿意发挥创造力，就会找到国家与首都之间的联系。

我们再以新西兰为例。新西兰的首都是惠灵顿（Wellington）。如果你稍微发挥一下想象力，把新西兰的地图上下颠倒，其形状看起来就像一只惠灵顿长筒靴（wellington boot）。有时候，你只需要

---

① 裸露的膝盖的英文为 bare knee，其发音与 Bern 类似。——译者注

这样稍微发挥一下想象力就可以了。

澳大利亚的首都是堪培拉（Canberra），不是很多人印象中的悉尼。同样，稍微发挥一下想象力，研究一下澳大利亚的地图，它的形状有点儿像照相机（camera）。

再看另外一个例子。格林纳达（Grenada）的首都是圣乔治。这让你联想到了什么？当我听到圣乔治这个名字时，我想到的是圣乔治屠龙的故事，但这次他有了现代武器：他使用的是手榴弹（grenade），因此我们就记住了格林纳达的首都是圣乔治。

接下来我们看看美国的各个州。同样，还是要找到州与首府之间的联系，尽量快速建立联系。可以使用所有可用的工具，包括感官、想象、夸张、幽默、颜色、动作、视觉、听觉、嗅觉、味觉、触觉等等。

如果你已经知道某个州的首府是哪里也没关系。我现在给你一个例子：密西西比州的首府是杰克逊。对我来说，这二者之间存在一种直接联系。在我的想象中，我看到迈克尔·杰克逊正在横渡密西西比河，试图到达对岸。

纽约州的首府是奥尔巴尼（Albany）。与之前一样，我要找出某个特征，所以我想象自由女神像长着飘逸的赤褐色（auburn）长发。虽然 auburn 与 Albany 不完全相同，但它足以让你记住 Albany 这个名字。二者之间的联想是自由女神像对应赤褐色，纽约州对应奥尔巴尼。

另一个例子：肯塔基州的首府是法兰克福。我联想到的是肯德基炸鸡，但鸡肉用光了，所以他们选择了法兰克福香肠。

犹他州（Utah）的首府是盐湖城。一种联系立刻浮现在脑海中：

想象一下，有人告诉你你（you）必须把盐湖城的整个地区都涂上柏油（tar）[①]，所以你记住了犹他州的首府是盐湖城。

对于有些州及其首府，你必须更有创意。以南达科他州为例。南达科他州的首府是皮尔（Pierre）。在听到南达科他州的时候，我想到了拉什莫尔山上的总统雕像，所以想象雕像中有一个突出的平台（pier），然后把你自己放到那里，想象着看到自己站在平台上，让自己融入那个场景，于是你记住了南达科他州的首府是皮尔。

你如果想象出了这样的形象，就永远不会忘记它们了。当然，这种方法让你把整个大脑都调动起来了。你的右脑参与其中，在学习过程中变得非常活跃。稍后我们会讲到左脑和右脑各自的功能。

让我们再看另外一个例子：蒙大拿州，其首府是海伦娜。我不太了解蒙大拿，想不出有什么地方与它有关，但我知道海伦娜这个名字，她是我女朋友的闺密，所以我想象她在玩"蒙大拿红狗"纸牌游戏。通过这种联系，我把蒙大拿及其首府海伦娜关联起来。

有一次，我去苏格兰录制一个电视节目，节目组给我出了一个难题：他们从观众中挑出一人，然后对我说："你能教这个人记住美国的各个州和首府吗？"

我回答："尽量吧，我们来试试。"我按照我的方法，把美国50个州及其首府的名字全告诉了那个人。节目组给了我们大约25分钟来做这件事。之后我回到直播现场，他们开始拍摄。结果那个人从头到尾说出了每一个州的名字，连我都不敢相信。很多人都认为他在25分钟内是无法完成这个任务的。

[①] you，tar，发音类似 Utah。——译者注

我想知道你能在多长时间内记住美国各州。你还记得以前那种记忆时必须不断重复信息的老式记忆方法吗？使用我的方法，你可以记住所有 50 个州。当然，可能会有一些错误，但你可以判断一下使用我的方法比之前快了多少。

现在让我来考考你。密西西比州的首府是哪里？想到迈克尔·杰克逊这个形象了吗？纽约州的首府是哪里？想想自由女神像，答案是奥尔巴尼。肯塔基州的首府是哪里？是法兰克福。

再想想南达科他州拉什莫尔山总统群像那里发生了什么。好像出现了一个平台，那么南达科他州首府是皮尔。蒙大拿州的首府是海伦娜。还记得那些国家的首都吗？瑞士的首都是哪里？是伯尔尼。阿富汗的首都是喀布尔。

采用这种方法的时候，你给自己的想象插上了翅膀，锻炼了自己的创造力，让你的想象力去做它最擅长的事，变得极具创造性，彻底释放了联想这一记忆机制，让记忆开始变得更快。

这种方法不仅锻炼了你的记忆力，使它在许多方面变得更有效率，还让你变得更聪明，因为你的理解力提高了。你开始不由自主地产生联想，有时候联想来得太快，你甚至不知道自己是怎么想出来的。

例如，我在记忆缅因州（Maine）及其首府奥古斯塔（Augusta）的时候就出现了这种情况。当时我突然想到了狮子，因为 Maine 这个词让我想起了狮子的鬃毛（mane）。Augusta 让我想到了 8 月（August），而 August 让我想到了狮子座。因此，我建立了二者之间的联系：缅因州的奥古斯塔，对应狮子座的狮子。

与记忆美国各州有关的一个练习

现在，我们已经给你的想象插上了翅膀，接下来我们建议你进行另外一个练习。我将给出美国的 10 个州及其首府，请尽你所能快速在二者之间展开联想。只要能建立联系，怎么做都可以。我们现在开始：

亚拉巴马州，蒙哥马利
阿拉斯加州，朱诺
特拉华州，多佛
爱达荷州，博伊西
堪萨斯州，托皮卡
路易斯安那州，巴吞鲁日
密歇根州，兰辛
南卡罗来纳州，哥伦比亚
得克萨斯州，奥斯汀
西弗吉尼亚州，查尔斯顿

好了，让我们看看你做得怎么样。这次我把首府给你，你要告诉我与其对应的是哪个州。你可以直接在下面写出答案，也可以把首府写在一张纸上，然后加上州名。

蒙哥马利
朱诺

多佛

博伊西

托皮卡

巴吞鲁日

兰辛

哥伦比亚

奥斯汀

查尔斯顿

　　这种方法对你有用吗？你可以找到更多的例子。你如果真的感兴趣，就在互联网上查找各州的首府，把它们写下来，然后记住所有 50 个州及其首府。

记忆元素周期表

　　有一次，我参加了一个由电视台举办的热线直播节目，接听准备考试的学生打来的热线电话，为他们提供建议。当时，这个节目是在利物浦的一个电视台进行现场直播的，节目组把元素周期表通过传真发给我。从氢元素开始，一直到 110 号元素，我需要全部记住。他们告诉我的时候我正乘出租车赶到希思罗机场，然后飞往利物浦。到达利物浦的时候，我已经记住了元素周期表里的内容。他们还想让我记住各种元素的原子量，比如氢的原子量是 1.007 97。

　　我准备了一段包含 110 个阶段的旅行，把每一个元素想象成一个关键形象。例如，如果有人问我 36 号元素是什么，我会说 36 号元素是氪，其原子量是 83.80。比如，铋是 83 号元素，因此我会说 83 号元素是 Bi（该元素的元素符号），其原子量是 208.98。

这听起来可能令人惊叹，但我的记忆力是经过训练的，因此我能做到这一点。其实，经过训练，你也可以做到。再强调一次：熟能生巧，练能提速。记住，一定要学会使用记忆的三要素：联想、定位和想象。

下面我们简化一下有关化学的记忆。以锡（tin）的元素符号 Sn 为例。如何找到 tin 和 Sn 之间的联系呢？我想到的是法国卡通人物丁丁（Tintin），他有一只狗名叫白雪（Snowy）。你看，只要努力，就一定能找到某种联系。

铅的元素符号是 Pb，我想到的是铅垂线（lead-weighted plumb line）。实际上，铅的拉丁语是 *plumbum*。金的元素符号是 Au，我联想到的是黄金周围有某种光环（aura）。

如何记忆汞元素？汞的元素符号是 Hg。我再强调一次：只要努力，就一定能找到某种联系。当我看到 Hg 的时候，我想到了作家 H.G. 威尔斯（H.G.Wells）。怎么把这位作家和汞联系起来呢？只需这样想象一下就可以了：一口水井（well）被汞污染了，所以汞的元素符号是 Hg。

关于定义的记忆

如何处理关于定义的记忆？以我最喜欢的东西酒精为例。酒精是由碳（carbon）、氢（hydrogen）、氧（oxygen）组成的化合物。如果你想到它们的首字母 C、H、O，然后想到酒精能"引起宿醉"

（causing hangovers）中的 C、H、O，你就永远记住了这个定义。

再看另外一个例子。同素异形体（allotrope）是指一种元素可以以不同形式存在。比如，碳可以像钻石一样坚硬，也可以像石墨一样柔软，所以它有很多同素异形体。在记忆这个词时，可以想想不同形状的绳子（rope），很多不同形状的绳子都是同素异形的。

现在，让孩子们尝试一下这种方法。他们会彻底记住元素周期表，我们可以想象一下这对学习化学多么有用。只要一听到某个元素的名称，就能立刻记起关于这种元素的一切，知道它在元素周期表中的序号。通过训练记忆力，你可以在一天内记住元素周期表。

为了展示记忆这些元素的方法，我想让你构思另外一次旅行。此次旅行可以围绕你以前的化学实验室，或者围绕你们学校的操场。下面我将按顺序给你提供元素周期表中的前 10 个元素，但首先我们需要产生一些联想。

当我说到氢（hydrogen）这个词的时候，请想象一下氢弹爆炸的场景；说到氦（helium）的时候，请想象一个比空气轻的氦气球；对于锂（lithium），你能想到的最接近的东西是什么？打火机（lighter）怎么样？至于 4 号元素铍（beryllium），想想你认识的一个叫贝丽尔（Beryl）的人。

说到元素硼（boron），请想象一下钻孔（boring a hole）；碳（carbon）是 6 号元素，想象一支铅笔（pencil）；至于元素氮（Nitrogen），我想到我曾在夜里划船（night row），所以我可以想象独木舟（canoe）；对于氧元素（oxygen），想象一下氧气面罩（oxygen mask）；对于氟（fluorine），想象一下面粉（flour）；对于第 10 种元素氖（neon），想象一下明亮的霓虹灯（neon light）。

现在，我们已经完成了联想，因此需要定位，将它们分别安排在某个位置上。暂时放下本书，围绕你的学校在心里构思一次旅行。做好这一切之后，再继续往下读。

现在你准备好进入这10个阶段了吗？首先让自己融入第一个阶段，读到第一个元素时，想象与之相关的画面。我们现在开始：

氢	碳
氦	氮
锂	氧
铍	氟
硼	氖

现在回到第一个阶段，感受一下你想象出来的画面。你看到了什么？你应该看到爆炸的场景，对应氢元素。下一个阶段，有东西在飘荡，那是一只气球，对应氦元素。下一个阶段是锂元素。然后依次是铍、硼、碳、氮、氧、氟，最后一个阶段的画面是霓虹灯，对应氖元素。

同样，如果你在此次旅行中做过一个标记，知道第5个阶段在哪里（也就是硼元素在哪里），我就可以问你："元素周期表中的4号元素是什么？"而你根据记忆中的方位，只需从硼元素那里返回上一个阶段，就可以回答："4号元素是铍。"

如果我问："7号元素是什么？"那么你可以从硼元素前进两个阶段，得到氮元素。如果你真想变得很厉害，那么你可以练习逆序记忆，即氖、氟、氧……

说实话，这就是学习方法的关键。无论学什么，都要寻找事物之间的联系，并在整个过程中建立联系。经过一段时间的练习，联系就会自动生成。通过练习，你可以记住美国所有 50 个州。至于学习化学，不要再像以前那样把它们看作枯燥的元素，而是要为它们赋予生命，让它们鲜活起来，比如把氢元素想象成氢弹。但是，最重要的是，要享受学习。

第 11 章

词汇记忆

现在我们将讨论词汇及其含义,然后进行一次星际旅行。我打算针对一两个词语进行简单讨论,我想告诉你如何正确学习拼写的方法。

我认为自己以前有阅读障碍,现在已经好了,但对于有些词语及其含义,我仍然必须十分谨慎,比如每年(annual)和多年(perennial)的区别,或者闪电(lightning)与变轻(lightening)的区别。这可能是因为上学的时候我觉得单词拼写和某些词语的含义很难掌握,所以不得不努力克服这种困难。

生活中你可能遇到过这种情况:你躺在床上玩填字游戏,突然遇到一个你不确定的词,于是查了一下它的意思,但是第二天早上就忘得一干二净。

你还记得我们前面讲过的有关名字和面孔的记忆吗?记忆诀窍是在对方的面孔和名字之间建立一种联系,尽管这种联系是人为的。

同样的原则也适用于记忆词汇及其含义。以 garrulous 这个词为例，它的意思是 talkative（健谈的、话多的）。在我看来，这两个单词之间没有明显的联系，发音显然也不相似，唯一的共同点是都有三个音节。因此，要想记住 garrulous 这个词，你需要调动自己无穷无尽的创造力和想象力。

下面，我们一起想出某种联系。"Gary talks a lot"（加里这个人话特别多）怎么样？这句话听起来与 garrulous 发音相似，我们还可以相当巧妙地把这个词的意思融入其中。不妨试验一下：garrulous → Gary talks a lot → talkative。实际上，"Gary talks a lot" 在我们想要理解的单词和它的含义之间起着桥梁作用。

那么，如何在 cacophony 这个词和它的意义 harsh sound（刺耳的声音）之间建立一座记忆桥梁呢？可以想想母鸡咯咯的叫声（cackle of hens），这种声音就挺刺耳的。由此我们得出"cacophony → cackle of hens → harsh sound"这样的联系。

再来看看另外一个与声音有关的词语。Vociferous 的意思是大声的、吵闹的。我们可以把 Vociferous 拆分成两部分：voice（声音，与 voci 形近）和 ferocious（凶猛的，与 ferous 形近）。

再看另外一个例子。Largesse 这个词的意思是赠予礼物。我想到的是单词 large "大"和美元符号 "$"，所以联想到的结果是一个大大的美元符号。所以我们可以把这个词想象成赠给某人一大笔美元作为礼物。

再看另外一个词语：impasse。Impasse 的意思是"不可能取得进展的状态"，我们都遇到过这样的情况。所以我们可以把这个词想象成 impossible to pass（不可能通过）。

这里还有一些例子。Exigent 的意思是紧急的、需要采取行动的。这不由得让我想到一些标识语：exit（出口），gents（男厕所），urgent（紧急情况）。

Eclectic 的意思是兼收并蓄，可以想象成 "He collects it all"（他收集了所有东西）。

单词 parity 怎么记忆？这个词的意思是地位平等，因此可以从 par（同等的、标准的）入手，由此记住 parity。

Factitious 的意思是"人工的、不自然的"，因此可以想想 fact（事实）和 fictitious（虚构的）这两个词，从而记住 factitious。

关于单词拼写的记忆

单词的拼写该如何记忆呢？我说 potato，你说 potahto[①]，但是这个单词怎么拼写呢？里面有没有字母 E 呢？

对于不确定的单词，记忆的时候一定要有创造性。可以创建一个帮助你记忆的事物，比如，可以这样想：一个 potato 中没有字母 E，但两个或两个以上有字母 E。换句话说，只有当它以复数形式出现的时候才会用到字母 E。

下面是一些在拼写上有困难的常见单词。

想到 separate 这个词的时候，你可能会问，它是拼作 separate 还是 seperate？

Anoint 这个词里面有两个 N 还是三个 N？它以一个 N（把 a

[①] Potato 与 potahto 读音不一样，但指的是同一个东西。——译者注

看作"一个")开始，所以应该拼作 anoint。

如果你记不清 cemetery 这个单词里面有没有字母 A，那么请你记住：里面没有字母 A。

单词 embarrassed 里面有两个 R 和两个 S。

还有一个单词 pursue 也容易被拼错。

单词 accommodate 里面有两个 C 和两个 M。

Accidentally 的拼写不是 accidently，尽管人们有时会这样读。正确的拼写是 accidentally，以 ally 结尾。

Desperate 的拼写不是 desparate。

最后一个例子是 definitely。如果你认为其中有字母 A，你就拼错了。

和之前一样，在记忆单词拼写时你需要有一点儿创造性。我们以上面提到的单词为例。

Separate（分开）的中间是 para，所以请想象某人乘降落伞（parachute，para 为缩略词）降落在单词 separate 上，跳伞者被 para 这个词分开了。

如何记住 anoint（涂药）这个词的拼写呢？只要想到 an ointment（一种药膏），你就不会拼错了。

如何记住 cemetery（基地）这个词的拼写呢？这个单词里面没有 A，元音字母都是 E。仔细看看 cemetery 这个词，你会发现它具有对称的特点。

如何记住 embarrassed（尴尬的）这个词中有两个 R 和两个 S 呢？你很尴尬，所以你面红耳赤，感觉自己傻傻的。面红耳赤，即两个 red，有两个 R；傻傻的，有两个傻，即两个 S。所以这个单词中有两个 R 和两个 S。

再看看单词 pursue（跟踪）。怎样才能记住其拼写不是 persue？想象一下，小偷为了偷你的钱包（purse）而跟踪你。

想一下 accommodate 这个词的名词 accommodation，想象自己开着公司（company）的轿车（car）去汽车旅馆（Motorway Motel），所以这个单词中有两个 C 和两个 M。

Accidentally 的意思是意外的、偶然的。想象一下在小巷（alley）里发生了车祸（accident），因此这个词的拼写是 accidentally。

如何记住 desperate（不顾一切）这个词的拼写？想一下 desperado（亡命之徒）这个词。

最后，如何记住 definitely 这个词的拼写呢？可以这样想象：日夜交替。换句话说，D-E（日）后面跟着（follows）N-I-T-E（夜），里面没有字母 A。

通过这种创造性的单词拼写记忆方法，你不仅获得了宝贵的学习技能，还锻炼和发展了你的整个大脑。你可能已经注意到，自己头脑风暴的速度比以前快了，想法也出现得更快了。所以，记忆迫切需要想象和联想。

因此，在记忆词汇的时候，你可以把单词和单词的含义联系起来，寻找其中的模式或线索，以此作为单词拼写的提示。比如，battalion（营）这个单词有两个 T 还是一个 T？想想 battle（战斗）这个词，从其部分字母拼写 B-A-T-T 联想到"全营战士，准备战斗"，你就知道答案了。

学习第二门外语

你也可以用同样的方法来学习第二门外语。想想看,津津有味地学习50个、100个、1 000个西班牙语、法语或德语单词是多么简单、快速、有趣。我把这种方法教给学生,他们告诉我:"我以前学的都是什么啊?"学生们没完没了地背诵,一遍又一遍地重复,但仍然有很多单词记不住。

当然,即使使用这种方法,你也需要回顾或复习。还记得艾宾浩斯提出的5次复习法则吗?对某个内容,复习5次之后,你就可以一辈子不忘记。但这种方法要求你没完没了地进行单调的重复,因为,尽管一段时间后你会自动记住词汇和含义,但利用想象进行记忆效果会更好,掌握外语单词及其含义的效率会提高3~4倍。

例如,奶牛(cow)的西班牙语单词是vaca。在记忆时你可以想象一个疯狂的场景:一头奶牛正在用吸尘器清扫(vacuuming)田野。

如何记住雨(rain)这个词的德语单词regen呢?方法很简单,只要在外语单词及其含义之间找到某种联系就可以了,不管这种联系多么荒诞。在记忆这个德语单词时,我想象着很多罗纳德·里根像一场阵雨(a shower of Ronald Reagans)从天而降。你可能能从超现实主义绘画作品(比如勒内·马格利特或者萨尔瓦多·达利的画作)中看到这种场景。

粉色(pink)这个词在法语里是rose。此时可以想象出一朵鲜艳的粉色玫瑰。记住,线索一定在单词中,只要发挥你的想象力,你就一定能找到。

第11章 词汇记忆

法语测试

让我们做一个有趣的练习来帮助你学习法语词汇。我会给你一个英语单词，然后给出与之对应的法语单词，你要试着找到二者之间的联系。我们一起来试一次。

门（door）的法语单词是 porte，我想到的是一瓶葡萄酒（port）挂在门上。

下面是我给出的英法单词列表：

	英语	法语		英语	法语
门	door	porte	台布	tablecloth	nappe
海	sea	mer	毯子	blanket	couverture
嘴	mouth	bouche	菜单	menu	carte
草	grass	herbe	夹克	jacket	veste
钟	clock	pendule	母鸡	hen	poule

如何快速在每组单词之间建立起联系呢？下面我再给你列出法语单词，看看你能不能给出与之对应的英语单词。

porte	nappe
mer	couverture
bouche	carte

herbe	veste
pendule	poule

你联想到了什么？对于 sea 和 mer，我想到了一个镇的镇长（mayor）在海里（sea）游泳；对于 mouth 和 bouche，你可以想象浓密的胡子（mustache）遮住某人的嘴（mouth）；对于 grass 和 herbe，想象出某种草本植物（herbe）怎么样？对于 clock 和 pendule，你可以想象出一个钟摆（pendulum）；至于 tablecloth，你可以根据 nappe 想象到餐巾（napkin）。想象出来的这些词弥补了英语单词和与之对应的法语词语之间的差距。

对于 blanket 和 couverture，你可以想到铺盖（cover）；对于 menu 和 carte，也许想到的是菜单上的一张纸牌（card）；Jacket 和 veste 之间的联系是现成的，即 vest（背心，马甲）；至于 hen 和 poule，也许你会想象一只母鸡在打台球（a game of pool）或在泳池（pool）里游泳。

我的一个朋友最近非常焦虑，因为他儿子的法语学得很差，所以请我给他单独辅导一下。他儿子真的很不擅长法语，已经学了两年，甚至分不清法语词汇中的阳性和阴性。

阳性和阴性是他学习法语的第一个线索。于是，我说："听着，戴夫，如果下次还是分不清 le 和 la，你就想想两个人——朗（Len）和劳拉（Laura），现在我问你，戴夫，朗是男性还是女性？"

"是男性。"

"非常棒。那么 le 是阳性还是阴性？"

"当然是阳性了。"由此你可以看到，戴夫脑袋里有个小灯被点亮了。他说："原来如此，这真是个学习法语的好方法！"

不久后，戴夫的法语考试及格了，这让他的法语老师大为不解。他的分数不高，毕竟临近考试我才辅导他一下，但原本他根本没指望能够参加考试。

你可以亲自试试这种记忆方法。事实证明，这是一种快速、高效的语言学习方法。

星际旅行

还记得前面我提到过要进行一次星际旅行吗？你能说出太阳系行星的顺序吗？太阳系一共有八大行星，除了地球，还有四大三小七颗行星。

下面我给你讲一个故事，你需要想象一下故事中的场景。在我讲故事的时候，你要融入这些场景。故事结束时，你必须能够说出行星的名字，并告诉我土星是大行星还是小行星。

我们将以月球作为故事的背景。想象一下，你在一艘宇宙飞船上，正在缓慢地向月球表面降落。越靠近月球，月球表面越热，所以温度在上升。你带着一个小小的温度计。温度计里有什么？里面有水银（mercury）。这是一个很小的温度计，所以现在你可以记住距离太阳最近的行星是水星（Mercury）。

你乘坐的飞船着陆了，你打开舱门，迎接你的是一个美丽的小女孩。她叫什么名字？她叫维纳斯（Venus）。她是一个漂亮的女孩，小巧玲珑，因为金星（Venus）是一颗小行星。

维纳斯非常体贴,她担心你想家,所以给了你一大堆土(earth),你在寂寞、孤独的时候可以想想地球(Earth)。她把这堆土倾倒在宇宙飞船旁边,因为地球就是下一颗行星。

站在土堆上面,你看到一个怒气冲冲的小矮人。他之所以生气,是因为维纳斯把那堆土全倒在他身上了。此人正在吃玛氏棒(Mars bar),他一定是战神马尔斯(Mars)。为什么他长得如此矮小呢?因为火星也是一颗小行星,排在地球之后。

突然间,你听到"砰,砰,砰"的巨响,大地震动起来。你遥望远处的地平线,看到了月球上的景色。从山的后面,你看到了一个巨人,他就是朱庇特(Jupiter)。他之所以身材魁梧,是因为木星(Jupiter)是一颗大行星。他也是太阳(Sun)的崇拜者,他身上穿着一件T恤,你可以清楚地看到上面的字母S-U-N,这三个大写字母也代表了接下来的三颗行星:土星(Saturn)、天王星(Uranus)和海王星(Neptune)。

仅从上面这一形象,你就彻底记住了木星以外的行星:土星、天王星和海王星,并且知道它们都是大行星。

现在你记住这个故事了吗?下面让我们回顾一下这个故事,看看你能否按顺序把行星排列好。记住,故事刚开始时,你在宇宙飞船里。距离太阳最近的行星是什么?看一下手里的温度计,想一想里面的水银,所以答案一定是水星,而且你还知道这是一颗很小的行星。

打开舱门,看到的是女孩维纳斯,代表金星。她给你带来了什么?一堆土,这堆土代表地球。土堆下面冒出来一个什么东西?一定是火星。然后,你听到了"砰,砰,砰"的巨响,那一定是木星。再看看 T 恤上的字母 SUN，分别代表土星、天王星和海王星。太棒了，你记住了这个故事。

现在，我问你："土星是一颗大行星还是一颗小行星？"答案很明显，对不对？它肯定是一颗大行星。土星之后是什么？是天王星。土星之前是什么？一定是木星。

此时你再次使用了记忆的三要素：想象、联想和定位。你要做的就是明天再回想一遍刚才这个故事，然后连续回想大约一个星期，这样你在未来很长一段时间内都不会忘记八大行星的名称及其顺序。

记忆发挥作用的机制是联想。你要充分发挥自己活跃的创造力和想象力，寻找单词和它的含义之间的联系，寻找单词的内在模式（比如 cemetery 这个单词的对称性）以帮助记忆单词的拼写。

让你的想象力进行一次星际旅行，这样你就可以记住这些行星。请寻找外语单词及其含义之间的联系。比如在德语中，表示"雨"的单词是 regen。记忆方法很简单，regen 和雨之间的联系是什么呢？你可以想象很多罗纳德·里根像下雨一样从天上掉下来。

如果你是一位学者，经常到国外出差，那么不妨使用这些技巧学习外语词汇。这是一种简便易行的学习方法。使用这些技巧，同时辅以联想和想象的力量，可以极大提高你的词汇量，让你成为一部活字典。这种高效记忆法可以为你提供最大限度的帮助。

对热门单曲的记忆

1993 年夏天，我有幸与一些著名的主持人和明星在英格兰一次电台巡演中共事。当时我被宣传为"记忆达人",一些观众被邀请来测试我对过去 40 年热门单曲的记忆能力。他们会从这段时间里随便挑一个日期,让我说出那天的音乐排行榜上的榜首歌曲,以及这首歌的演唱者名字、它占据榜首几个星期、发行这首热门歌曲的唱片公司。

例如,如果有人大声问我:"1956 年 2 月 21 日的榜首歌曲是什么?"我就会回答:"应该是《甜蜜的回忆》(*Memories Are Made of This*)。"演唱者是迪安·马丁,由百代唱片公司发行,连续 4 周位列排行榜榜首。

在那个时候,我的听众认为我一定天生就有独特的记忆能力。但你与他们不一样,现在你应该很清楚我是如何记住这么多信息的。当然,我所说的记忆方法是一系列心理旅行,通过回忆旅行过程中的画面和场景来进行记忆。

为了记住 40 年间的榜首热门歌曲,我需要构思 40 次不同的旅行,每次旅行包含大约 20 个阶段,具体数量取决于那一年热门歌曲的数量。我选择的旅行路线大多位于布拉格及其周边。在电台节目录制之前,我曾经在机缘巧合下在布拉格参加了由一家报社组织的旅行,我一边探索这座美丽的城市,一边记忆两年或三年内的热门歌曲。

当我在布拉格的街道上和公园里漫步时,我开始把需要记忆的流行歌曲的细节转换成丰富多彩的有助于记忆的场景,并将其叠加到沿途合适的地点。我的举动让人感到疑惑。我记得那次我站在街角,手里拿着一张纸,盯着一幢可能是昔日政府大楼的建筑。这时,一位中年男子走过来,问我在做什么。我当时觉得他可能把我当成了间谍。我的回答让他面露嫌弃之色,就像侍者没有得到小费。我说:"我在努力记忆《无情的心》(Wooden Heart),这首歌是 1961 年 3 月 23 日歌曲排行榜的第一名,演唱者是猫王埃尔维斯·普雷斯利。"话音未落,那人就摇摇头,一脸狐疑地走开了。

当我最终离开布拉格回到英国时,我不但永远记住了这座城市的布局,还永远记住了 40 年间的热门歌曲。

下面我们进行一次快速练习。我告诉你 10 首 1961 年以后的英国热门歌曲,所以我要你构思一次旅行,任何一次你喜欢的旅行都可以,确保其中包含 10 个阶段。好了,现在放下书,开始准备。

等你准备好了,我就会告诉你歌名。你如果年纪够大,就可能记得这些歌曲。如果不记得,就把歌名转换成一个单独的助记图像。

例如,我要告诉你的第一首歌是《舞动的诗歌》(Poetry in Motion)。所有这些歌都是 1961 年之后的热门歌曲。你准备好了吗?

第一个阶段,请发挥你的想象力,歌曲是《舞动的诗歌》。下一个阶段,歌曲是《今晚你寂寞吗?》(Are You Lonesome Tonight?)。第三个阶段:《水手》(Sailor)。第四个阶段:《你快回来》(Walk Right Back)。下一个阶段:《无情的心》。

下一个阶段:《蓝月亮》(Blue Moon)。下一个阶段:《失恋情歌》(On the Rebound)。下一个阶段:《你令我疯狂》(You're Driving Me Crazy)。下一个阶段:《爱情俘虏》(Surrender)。最后一个阶段:《逃跑》(Runaway)。

在这个过程中,你要一直思考。回到第一个阶段,你想到了什么?有什么东西在动,那是《舞动的诗歌》。和以往一样,看看你在看到歌名之前是否能想到那些形象:《舞动的诗歌》《今晚你寂寞吗?》《水手》《你快回来》《无情的心》《蓝月亮》《失恋情歌》《你令我疯狂》《爱情俘虏》《逃跑》。

结果怎么样?

一旦把这些歌曲安排到你的旅行中并熟悉它们,你就可以把歌手和歌曲联系起来。现在,回到旅行中,试着把歌手和你为那首歌创造的形象联系起来。这些歌手的名字,有的你可能知道,有的对你来说可能是完全陌生的。

例如,《舞动的诗歌》的歌手是约翰尼·蒂洛森。此时你需要发挥自己所有的想象力和创造力,把《舞动的诗歌》和约翰尼·蒂洛森联系起来。

现在进入下一个阶段:埃尔维斯·普雷斯利。接下来是佩图拉·克拉克。下一个阶段:艾佛利兄弟组合。下一个阶段:又是猫王埃尔维斯·普雷斯利。接下来:马塞尔兄弟。下一个阶段:弗洛伊德·克拉默。下一个阶段:坦普兰斯·塞文。下一个阶段:又是猫王埃尔维斯·普雷斯利。最后一个阶段:德尔·香农。

在这个过程中,你要一直思考。下面让我们看看你能否把歌手和歌曲联系起来。从头开始:《舞动的诗歌》的演唱者应该是约翰尼·蒂洛森。《今晚你寂寞吗?》的演唱者你应该知道,是猫王埃尔维斯·普雷斯利。

下一首歌是《水手》,演唱者是佩图拉·克拉克。《你快回来》的演唱者是艾佛利兄弟组合。《无情的心》的演唱者是埃尔维斯·普雷斯利。《蓝月亮》是由马塞尔兄弟演唱的。

《失恋情歌》的演唱者是弗洛伊德·克拉默,《你令我疯狂》的歌手是坦普兰斯·塞文,《爱情俘虏》的演唱者是埃尔维斯·普雷斯利,《逃跑》的演唱者是德尔·香农。

赌场的担忧与算计

总有人问我这样一个问题:真的有可能赢得赌场里的21点纸牌游戏吗?早在1995年,我就成了一部名为《拉斯韦加斯的担忧与算计》的英国纪录片的主角。在一个月的时间里,拍摄人员跟拍了我在美国几个赌博合法的州里玩牌的情况。这部纪录片的目的是看看是否有可能使用记忆技巧通过21点纸牌游戏赚钱。

到达密西西比州的比洛克西时,我遇到了素有21点纸牌游戏"主教"之称的阿诺德·斯奈德。如果说世界上有人精通21点纸牌游戏,那个人一定是阿诺德。他花费毕生时间研究这一游戏,除了自己是一名成功的玩家,他还通过向潜在玩家出售自己的玩牌心得赚了数百万美元。他在加州经营着一个"21点论坛",这是唯一一个专门帮助职业扑克玩家打败赌场的论坛。见到这位"主教"之后,我问他:"有可能在赌场自己的游戏中打败他们吗?"

他的回答简短而肯定。我在美国赌场玩了17天,总共赢了9 571美元。这笔钱不算多,但它确实表明如果这样玩下去,每年大约能获利15万美元。

在学会记忆扑克牌后不久,我就想到一定有办法能利用我新发现的能力赚钱。21点纸牌游戏似乎就是这样一个天生的目标。与纯粹靠运气的轮盘赌或骰子游戏不同,21点纸牌游戏需要一定程度的技巧。

经过多次输多赢少的尝试，我已经对这个游戏了如指掌了。像许多人一样，我原来一直以为赢庄家钱这件事完全属于异想天开，并且肯定会损失更多的钱。但是，如果能记住多副扑克牌，结果就完全不同了。

如今，英国、法国、捷克的所有赌场以及美国的多家赌场都禁止我入内。偶尔有那么一两家允许我进去喝一杯，但我只要靠近21点的牌桌，就会被立刻赶出赌场，因为他们知道我掌握了赢牌的方法，如果我玩的时间足够长，我就会赢光庄家的钱。

我无意鼓励任何人参与赌博，因为赚钱的方法还有很多。但我玩21点的方法可以很好地说明，我们的记忆在经过训练之后，可以帮助我们完成很多事情。

在你掌握了本章内容之后，我想提醒你一句：没错，你的确有可能赢得游戏，但问题是，赌场也非常清楚这一点，因此会时刻盯着牌面计算器。赌博赢钱并不难，关键在于如何避免引起赌场老板的注意，因为他们一旦发现苗头不对，就会走上前来"招呼"你。

赌博游戏的主要吸引力在于人们相信自己可以赢得这种游戏。事实上，赌场也是这样宣传的，将其说成一种技巧游戏。但是，如果你的技巧过于高超，他们就会阻止你继续玩下去，这就显得颇具讽刺意味了。

10万手牌

玩21点的目的是打败庄家。要做到这一点，你拿到手的纸牌点数之和必须大于庄家，但不能超过21点。庄家至少要发出17张牌，手中纸牌点数最接近21点的玩家就赢了这一手牌。对于玩家来说，技巧在于应该根据风险程度决定要多少张牌。

由于天性使然，我想亲自调查一下是否有可能在不参考教科书的情况下获得比庄家更大的优势。于是我开始大量练习发牌，分析每一种可能的排列方式。6个月后，我研究了10万手牌。

我从没想过要发这么多牌，但开始之后根本停不下来，一心想要继续玩下去，积累研究结果。能真正检验我的理论的唯一方法就是进行成千上万次的单独试验。

你可能会觉得花这么多时间玩纸牌游戏很可笑。那时候，我常常想知道到底是什么让我坚持了下来。这的确是一件很不可思议的事。

在做完所有这些试验之后，我偶然看到了一些关于桥牌游戏的文章。1932年12月，《伦敦标准晚报》刊登了E. 戈登·里夫博士的5篇系列文章，内容是关于桥牌游戏的"里夫系统"，该系统是里夫自己发明的。他在一篇文章中说："3年的疾病让我有机会计算出游戏得分的概率。我发了5 000手牌，每一手牌都由4个玩家分别在东、西、南、北4个方位来玩。因此，最终制成的表格里就包含了5 000手牌的10万种组合。"

遇到这样一位前辈让我感觉很奇怪，但同时也很欣慰，因为这让我知道了我不是唯一一个沉湎于研究单调的纸牌组合工作的狂热分子。但是后来我发现这个我从未见过的人（他于1938年去世）竟然是我的外祖父，你可以想象当时我内心的震惊。

最终，在发了大约10万手牌之后，我觉得自己已经了解了21点的精髓。这个游戏的每一个方面都被剖析出来，让人一目了然。

在这个过程中,我研究出了一个基本的点数计算方法,掌握了一个原则:如果我能在恰当的时机(换句话说,如果我断定点数低的纸牌已经发完,接下来将出现的是点数高的纸牌)提高赌注,那么我将获得大约1%的优势——也就是说每100美元的赌注能赚到1美元。这表明开始赢钱了。

于是我开始混迹于英格兰各地的俱乐部,只要看到赌场就进去玩一番。起初利润并不高,但我赚到的钱足以支付我的旅费、餐费和饮料费。

不久之后,我又把目标投向英国中部地区和伦敦的一些俱乐部,基本上每天早上都能凯旋。显然,我研究出的点数计算方法很有效。更重要的是,赌场的经理们似乎容忍了我的存在,我开始有了不错的收入,每周能赢 750 ~ 1 000 美元。不过其中也有一些起伏。

我记得第一次去英格兰中部的一家俱乐部时,刚开始输得很惨,不到半小时就输了 750 美元,于是我决定先好好吃一顿。在享用了丰盛的牛排和甘洌的美酒之后,我惊喜地发现赌场经理竟然已经结了我的晚餐账单。在美国,这种做法叫"免单"。

这位经理认为自己发现了一个有潜力的"赌徒"。经理们经常这样做,目的是鼓励你去赌更多的钱。但回到 21 点赌桌之后,我不仅赢回了之前输掉的钱,还赢了 750 美元。

我试着与那位经理分享我的喜悦,庆祝自己时来运转,并感谢他为我丰盛的晚餐买单。但他脸上的表情预示着一段美好关系的结束。在经历了与此类似的几次造访之后,我彻底被这家赌场拒之门外。

过了一段时间,我变得有点儿贪心了。对于这么危险的生活方式来说，我赚的那些小钱太微不足道了。于是，我开始追求越来越高的利润，很快一天就能赚到 1 500 美元。但不久，我就成了众矢之的。

在赌场这个圈子里，消息传得很快。在英国，只有俱乐部的会员才能进入赌场。我很快收到了几十封信，宣布终止我在全国所有赌场的会员资格。下面这封信来自伦敦某俱乐部："亲爱的奥布莱恩先生，我方决定终止您在我俱乐部的会员资格，即日生效。前台也收到了相关通知。另请知悉：即使您以会员客人身份前来，也将被拒绝入内。"

21 点赌博技巧

下面介绍如何在 21 点纸牌游戏中获得优势。在三分之一的时间里，你和庄家之间的博弈胜算机会是相同的。在三分之一多一点儿的时间里，庄家会略占优势，而你略占优势的机会稍低于三分之一。算牌的美妙之处在于，它会告诉你什么时候你略占优势，从而使你下更大的赌注。

算牌是一门艺术，也是一门科学。它与记忆本身非常相似，也需要你大量练习。与点数低的牌相比，点数高的牌的比例越高，你获胜的机会越大。关键是要记住所有发过的牌，这样你就知道剩下的牌是什么了。

监控发牌牌面点数高低的最佳方法是赋予每张牌特定的权重，为此你可以采用一种简单的加 / 减计算策略。

当小牌被从牌组中移出时，你就有了优势。每看到一张小牌，计算时加 1。忽略点数为 7、8、9 的牌，因为这些属于中档牌，对游戏的平衡几乎没有影响。当大牌被从牌组中移出时，庄家就略占优势。所以，每看到一张大牌，计算时减 1。

假设你现在开始发牌，同时计算发出的每一张牌。整副牌全部发完之后，如果你计算准确，那么最后的结果应该是零。

当你在赌桌前进行加法计算时，你很可能会得到点数高的大牌，全部结果平衡起来为零。这时你应该增加赌注。这是算牌的精髓，但你会发现这种做法在拉斯韦加斯有些不太受欢迎。

然而，在英国，我再也无法进入任何赌场了，所以现在我进赌场的唯一办法就是让其他人进去，提前给他们上一堂有关 21 点的大师课。当然，我们玩牌不是为了赢钱，纯粹是为了娱乐。

奥斯卡金像奖

是时候做另外一个有趣的练习了。这次，我要把 1991—1999 年上映的获得奥斯卡金像奖的 9 部影片告诉你。你需要构思一次旅行，旅行地点安排在哪里都可以，但一定要包含 9 个阶段。在我说出影片名字的时候，请把它们转化成令人难忘的彩色形象。

准备好了吗？记住，要使用联想的力量，采用你脑子里想到的第一个事物。

第一个阶段是 1991 年，影片是《沉默的羔羊》。下一个阶段：1992 年，影片是《不可饶恕》。下一个阶段：1993 年，影片是《辛德勒的名单》。下一个阶段：1994 年，影片是《阿甘正传》。然后是 1995 年，影片是《勇敢的心》。下一个阶段，1996 年，影片是《英国病人》。然后是 1997 年，影片是《泰坦尼克号》。下一个阶段，也就是第八个阶段，影片是《莎翁情史》。最后一个阶段是 1999 年，影片是《美国丽人》。

在这个过程中，你要一直思考。现在回到第一个阶段，你应该能记住这些影片了。1991 年上映的是哪部影片？你看到一些羔羊，对应《沉默的羔羊》。下一个阶段是《不可饶恕》。接下来是《辛德勒的名单》《阿甘正传》《勇敢的心》《英国病人》《泰坦尼克号》《莎翁情史》《美国丽人》。

现在，如果有人问你，1995 年上映的、获得奥斯卡金像奖最佳影片奖的影片是什么？你可以回答："是《勇敢的心》。"

"那么，1994 年上映的呢？"只要回想一下你的旅行，你就可以想起来，应该是《阿甘正传》。"那么，1996 年上映的呢？"答案一定是《英国病人》。

如果你必须用传统的方法（比如一遍又一遍地重复）记住这份电影名单，你认为需要多长时间才能记住？但是，如果使用快速记忆法，你只需要几分钟就能完成，如此一来，你就成为一个影迷了。

第 12 章

记忆日期的秘密

在这一章,我要教你如何成为一本活日历。如果有人告诉我他们的出生日期,我就可以在几秒钟内说出他们出生在星期几。例如,1957 年 8 月 10 日是星期六,2057 年 8 月 10 日是星期五。如果幸运的话,那一年我正好 100 岁。

例如,如果有人说:"我出生于 1961 年 4 月 7 日。"我马上会说:"那天是星期五。"

"我的孩子出生于 1991 年 6 月 27 日。"那天是星期四。能够说出哪一天是星期几不仅是一个很棒的派对技巧,也是解决争端的好方法。比如,你可能会说:"不对,你那天不可能去过眼镜店,因为那天是星期日。"

每当听到历史上的日期,我都会想想与日期对应的那个星期的那一天是否对历史事件的发生有什么影响。例如,一想到 1980 年 12 月 8 日,约翰·列侬被谋杀的那一天,我立刻就知道那天是星期一。我想知道杀害他的凶手马克·戴维·查普曼是否患有周一忧郁症。

你还记得人类登上月球的那一天吗？1969年7月20日。当时我还小，大约11岁，但已经记事了。那天我和妈妈一起熬夜看了一整晚人类登月过程。现在我不仅记得那天是星期日，还能用我的方法推算出来。

再来点儿更著名的日期。如果你年纪够大，那么你可能还记得1963年11月22日肯尼迪遇刺那天你在做什么。我能立刻推算出那天是星期五。

到这一章结束时，你也能够推算出具体的某一天是星期几，因为我将传授给你一个秘诀，一个通灵表演者和魔术师都不希望我透露的秘诀。这项技能需要大约75%的记忆能力和25%的计算能力。我需要用几句话来解释的内容，你的大脑在一秒钟内就可以计算出来。当然，需要稍加练习。

在我告诉你这个方法之前，请记住钢琴家的例子。通过观察你会发现，钢琴家在演奏的时候会一边演奏一边看乐谱。你认为他真的有时间把他在乐谱上看到的东西转换成钢琴上的音符吗？不可能，他根本没有时间这样做。他只知道自己的手指该放在哪里，经过一段时间，这就形成了肌肉记忆。就像打字一样。如果你以前从没见过别人打字，那么你会认为这是不可能的——大脑怎么能如此快地处理信息呢？

我接下来要解释的比从零开始学习视奏简单得多。听起来可能有点儿复杂，但并非如此。我是怎么做的呢？怎样才能做得这么快呢？

你也能做得这么快。下面我举几个例子，大概介绍一下如何记忆。我采用一系列代码，所以每一年对我来说都代表一个个位数的代码。比如，听到 1957 年的时候，我立刻想到了代码 1。1963 年的代码也是 1，1953 年的代码是 3，1999 年的代码是 4。我将告诉你如何在一分钟内记住这些代码。

接下来，你需要给每个月一个独立代码。当我听到 2 月的时候，我立刻想到了代码 4。12 月的代码是 6，4 月的代码是 0。

你必须知道一个星期中每一天的代码。星期日肯定是一个星期的第一天，所以星期一的代码是 2，星期二的代码是 3，星期三的代码是 4，以此类推。一个星期的最后一天是星期六。

通过这一技巧，我只需减去所有能被 7 整除的数就可以了。据此推算，星期六的代码应该是 7，它能被 7 整除，所以减去 7，得到 0。这也适用于日期。如果给出的日期是某个月的 7 日，你就可以称它为 0。如果是 22 日，就用它减去 7 的倍数 21（3×7=21），得到的结果就是 1。

让我们再以日期为例，我的生日是 1957 年 8 月 10 日。8 月的代码是 3，所以请记住 3。再来看看日期：10 日。你可以用它减 7，得到 3。现在得到的是 8 月的代码 3，日期的代码 3。

1957 年的代码是 1。现在把这 3 个数字加起来：3+3+1=7。然后怎么办？7 减 7，得到 0。0 代表星期几？星期六。

你一定要记住，我需要用几句话来解释的内容，你的大脑在一秒钟内就可以计算出来。当然，需要稍加练习。此外，你还需要掌握代码。

月份代码

让我们从月份代码开始，把它当作一个小练习。你只需要掌握 12 个代码，从 1 月开始，一直到 12 月。

1 月的代码是 1。这很简单。1 月是第一个月份，所以代码是 1。

接下来是 2 月（February），代码是 4。想想 Fab 4（Fabulous 4 的缩写，甲壳虫乐队的别称），你就想到了甲壳虫乐队，把 Fab 4、2 月（Feb）和代码 4 联系起来了。

至于 3 月（March），你可以想象一支行进（forward）中的军队（march），因为 3 月的代码也是 4。这里使用的是形象，运用的是想象力。

4 月的代码是 0。我想象的是 4 月的阵雨，看到的是足球大小的冰雹。你一定记得 0 的数字形状是足球。这里运用的是想象。

5 月（May）呢？我可能（may）会想到 5 月，也可能想不到。所以，这里有两种选择，5 月的代码是 2。

6 月（June）的代码是 5。怎么找到 6 月和 5 之间的联系呢？我想象的是一个叫琼（June）的朋友在拉窗帘。你一定记得 5 的数字形状是窗帘挂钩。也许你认识一个叫琼（June）的人，她正在家里拉窗帘，这样你就会永远记住 6 月的代码是 5。最好发挥你自己的想象力，比如你可能会想到以前一部电视剧《天才小麻烦》中的琼·克利弗（June Cleaver），想象她正在拉窗帘。

7 月（July）的代码是 0。同样，使用数字形状。想象一下，你认识的一个叫朱莉（Julie）的人正在踢足球。

现在我们来看看 8 月（August）。8 月的代码是 3。你怎样才能找到 8 月和 3 之间的联系呢？我想到了狮子座（Leo）这个词，它有 3 个字母。8 月对应代码 3，Leo（狮子座）有 3 个字母。

我们可以用类似的方法来记忆 9 月的代码。一说到 9 月，你就会想到秋天树叶飘零的场面。树叶（leaves）这个词有 6 个字母，所以 9 月的代码是 6。9 月对应代码 6，leaves 有 6 个字母。

至此，我们快结束了。10 月（October）让我想起了章鱼（octopus）。10 月的代码是 1。你怎么把章鱼和蜡烛联系起来？蜡烛是数字 1 的数字形状，你可以想象一只章鱼手里拿着一支蜡烛。

11 月（November）的代码是 4。当你听到"11 月"这个词时，你首先想到了什么？我想到了一个修士（novice）。数字 4 的数字形状是帆船，所以你可以想象一名修士乘坐一艘帆船在大海中漂流。

我把最后一个月份留给你来联想。12 月的代码是 6，看看你能不能找到 12 月和 6 之间的联系。

现在开始测试。我从头开始逐个回顾这 12 个月，希望你能告诉我月份代码。

1 月：这是第一个月，所以代码是 1。

2 月：想想甲壳虫乐队的别称 Fab 4，所以代码是 4。

3 月：军队向前行进，所以代码是 4。

4 月：4 月有阵雨，有足球大小的冰雹，所以 4 月的代码是 0。

5 月：可能或不可能，这里有两个选择，所以 5 月的代码是 2。

6 月：那个女人是谁？她在做什么？她在拉窗帘，窗帘挂钩是 5 的数字形状，因此 6 月的代码是 5。

7 月：朱莉在做什么？她在踢足球，所以 0 是 7 月的代码。

8 月：对于 8 月，你联想到了什么？狮子座（Leo）。Leo 有 3

个字母，所以 8 月的代码是 3。

9 月：9 月是秋天的开始。秋天树叶飘零，树叶（leaves）有几个字母？6 个，所以 9 月的代码是 6。

10 月：对于 10 月我们想到了什么？手持蜡烛的章鱼。蜡烛是 1 的数字形状，所以 10 月的代码是 1。

11 月：一名修士在帆船上，帆船是 4 的数字形状，所以 11 月的代码是 4。

我不知道对于 12 月你联想到了什么，总之，12 月的代码是 6。

现在你有了月份代码，让我们再次回到那个日期上来：1957 年 8 月 10 日。如果我告诉你 1957 年的代码，也就是 1，那么你现在应该能自己推算出来了。日期是 10 日，10-7=3。8 月的代码也是 3，所以 3+3+1=7，通过计算可知，7 是星期六的代码，所以那天是星期六。稍后，这一切都会变得更清晰。

年份代码

现在我们来看看年份代码。前面我说过，从 00 到 99 的每一对儿数字对我来说都对应一个人。比如，当我听到 57 这个数字的时候，我就想到了我的朋友特雷莎。现在我知道 57 的数字代码是 1，那么我是怎么记住的呢？

我想让你想象一下：假设今天是你的生日，你沿着车道往前走，准备进门时，你在想：今晚该干点儿什么呢？也许应该邀请一些朋友过来喝一杯，然后早点儿睡觉。

当你打开房门时，屋子里突然发出一阵巨大的欢呼声。你不知道你最好的朋友为你组织了一个盛大的派对。他邀请了100位客人，所以，当屋内灯光亮起时，你看到了你的朋友和家人，但当你环顾四周时，你又发现了很多名人，包括体坛明星、政治人物，甚至还有历史人物。

当然，你不能让100位客人挤在一个房间里，所以你的朋友把他们安排在不同的房间。事实上，他划分了7个区域，其中包括院子，所以院子算作一个区域，他把不同的人安排在各个小圈子里。想必你应该知道人们是怎样结成小圈子聚在一起的。有人聚在厨房，有人聚在客厅。

上面的想象过程就是你学习年份代码的方法，你可以通过想象把全部100个年份代码分成7个区域。下面我将举例说明。

我们将院子里的区域称为0号代码区域。现在，这个区域中有像奥马尔·谢里夫（Omar Sharif）、卡通人物奥利芙·奥伊（Olive Oyl）和本尼·希尔（Benny Hill）这样的人物。如果把这些人物形象和数字联系起来，就得到奥马尔·谢里夫—OS—06。你还记得多米尼克系统吗？与奥利芙·奥伊对应的数字是什么？是00，因为与OO对应的就是00。本尼·希尔［或鲍勃·霍普（Bob Hope）］的首字母是BH，与其对应的一定是28。

你卧室里的情况怎么样呢？里面有阿尔弗雷德·希区柯克，还有尼尔·阿姆斯特朗和肖恩·康纳利。

如果这是你自己的房子，里面有100位名人，那么，你觉得，在派对结束后，你能记住每个人的位置吗？你当然能，因为你一定会留意他们，你要确保他们有饮料喝，而且不会做坏事。

把自己的房子分成 7 个区域是锻炼大脑的一种非常有趣的方式，也是一项非常实用、有益的记忆技巧。

年份代码的工作原理

为了演示年份代码的工作原理，我们把其中几个客人带到院子里。想一下你自家的院子，围绕它构思一个包含 7 个阶段的短途旅行。在每个阶段，你都要想象一些著名的人物，他们在一起踢足球。记住，0 的数字形状是足球，这就是我们在院子里放一个足球的原因。这将为你提供接下来每一年的数字代码。

准备好 7 个阶段之后，我将提供给你一些名人或卡通人物，你试着想象一下这些人物形象。

第一个阶段：奥利芙·奥伊，奥马尔·谢里夫，亚历克·吉尼斯（Alec Guinness）（想象一下亚历克·吉尼斯在喝吉尼斯啤酒），平·克劳斯贝，本尼·希尔，席琳·迪翁（Celine Dion），艾灵顿公爵（Duke Ellington）。

你能想象这些人物在你的院子里吗？试着让他们互动。他们正在踢足球，这会提醒你此处的代码是 0。

想想这些人物形象，你就找到了对应的年份。比如，奥利芙·奥伊的首字母是 OO，对应数字 00，代表 1900 年；奥马尔·谢里夫对应 06，代表 1906 年；亚历克·吉尼斯的首字母是 AG，代表 1917 年；平·克劳斯贝，代表 1923 年；本尼·希尔，代表 1928 年；席琳·迪翁的首字母是 CD，代表 1934 年；艾灵顿公爵的首字母是 DE，代表 1945 年。

选择任何一个日期，我们都能一起推算出那一天是星期几。比如 5 月的代码是什么？是 2。好的，记住这一点。给出 5 月 3 日，通过计算 2+3，可以得到 5。然后，给出 1906 年，06 对应的人物是谁？肯定是奥马尔·谢里夫。他在院子里，院子区域的代码是 0，所以你现在得到的结果还是 5。一个星期的第 5 天是星期几？我们可以从第 1 天算起（星期日、星期一、星期二、星期三、星期四），于是得到 1906 年 5 月 3 日是星期四。

就像我之前说的，学习这种方法需要时间，解释它也需要时间，但只要稍加练习，你就能在几秒钟内做到。

测试

再给你举一个例子。人们在告诉我日期时，我总是设法让他们先诉我年份，这样我就有了年份代码。假设你首先得到的信息是 1900 年，所以，你看到数字 00 就想到了字母 OO，代表奥利芙·奥伊。我们现在可以忽略年份了，因为我们知道奥利芙·奥伊在院子里，而院子的代码是 0，所以现在我们看看具体日期——8 月 3 日，3+3=6。这告诉我们这一天是一个星期里的第 6 天，即星期五。

再举一个例子。这次我们换一种方法。12 月的代码是 6。给出的具体日期是 12 月 21 日。记住，要用日期数字减去 7 的倍数，21 能被 7 整除，所以得到 0。然后我们得知年份为 1906 年。现在想一下，数字 06 对应的人物是谁？应该是奥马尔·谢里夫。他在院子里，院子区域的代码是 0，所以最终结果还是 6，这代表着一个星期的第 6 天，所以答案是星期五。

就像我说的，花点儿时间去学习这个过程，然后经常复习，这样你就能彻底掌握这种技巧。如果你想变得更聪明，那么你可以对你喜欢的任何一段时期进行这种操作。你可以推算上一个世纪的某一天，也可以推算下一个世纪的某一天，而你要做的就是学习与那个世纪相对应的年份代码。

现在来谈谈闰年问题。对于闰年中1月或2月的任何一天，我们都需要进行微调。闰年指的是能被4整除的年份。很明显，1944年是闰年，1972年也是。所以，在遇到闰年的时候，只需要进行微调。假设你被问到的日期是某个闰年中1月1日到2月29日之间的某一天。在这种情况下（只有在这种情况下），只需从最终得数中减去1就可以了。如果日期在闰年之内，但不在1月1日到2月29日之间，那么只需像以前一样进行计算就可以了。

这是一项很好的技能，你可以从中获得很多乐趣。人们会把你看作一部行走的日历。如果你认为这相当困难，不妨想一下我的母亲，就连这位83岁的老太太都可以做到。她不像我推算得那么快，但也总能算对。

在下一章中，我们将探讨如何培养你过目不忘的能力，还将研究记忆方向的方法。

第 13 章

参照物

在这一章中,我们将探讨一下如何培养你过目不忘的能力。事实上,我们当中的大多数人已经拥有一定程度的过目不忘的能力。

我父亲给我讲过一个他 10 岁时发生的故事。当时他和父母坐在一列火车上,从都柏林出发,穿越爱尔兰。他决定记住当时发生的一切,于是他接收了周围所有信息。他仔细研究了父母脸上的表情以及他们的衣服,观察了火车上的装饰,留意到只有火车上才会散发出来的那种特殊的霉味,同时也观察了车窗外的风景。

父亲告诉我:"就这样,我一辈子也忘不掉那段记忆。"他说,时至今日,当时的景象依然历历在目。我觉得父亲当年的想法简直无比有趣、绝妙至极,因此就在他告诉我这个故事的那一刻,我决定亲自尝试一下。

猜猜那次我们坐在哪儿?那时我 12 岁,我们也坐在一列火车上,从都柏林出发,穿越爱尔兰。

也许你一生中也有过这样的时刻。比如,也许你还记得自己在婚礼上从宾客席间穿过时的场景，也许你还记得自己第一天上学时的情景。你能回忆起多少细节？

如果我们能记住信息的细节，比如我们昔日生活中的某个特定时刻，那么我们为什么不能记住报纸或杂志的内容呢？

我经常四处演讲，这已经成了我生活的常态。我讲解有关记忆训练的方法，展示数字记忆技巧，回忆现场每一位观众的名字，展示纸牌记忆技巧。但我认为，有一件事可能让大多数人感到困惑不解，那就是当我拿出当天的报纸展示对报纸内容的记忆的时候。我会让他们随便告诉我一个页码，比如他们选择第67页，我会说："那一页上可能有一则广告，内容全是关于计算机的。"然后我会凭记忆轻松说出计算机的规格、价格以及提供信息咨询的电话号码。

有人可能会大声提及报纸的另外一页，我就会说："这一页上有一张6个人的照片。"然后凭记忆说出这6个人的名字。如果照片背景里有一辆车，那么我可以轻松说出这辆车的车牌号。

最终，有人可能会选择报纸上的金融版面。我会说："没问题，请说出一个公司的名字。"

他们会说："希杰控股公司。"

"股价上涨了67.75美分。下一个。"

"科技后备股情况如何？"

我会说："这只股票跌了，我想应该跌到了12.5美元。"最后（如果我得到的出场费足够多），我会准确记住确切的价格：这只股票跌了，从10美元跌到3.53美元。

我是怎么做到的呢？你如果使用下面我要教给你的技巧，就可以做到这一点，没有什么难度。

现在我们快速回忆一下，记忆的三把金钥匙是什么？是联想、定位和想象。想想最棒的拳王穆罕默德·阿里（Muhammad Ali），ALI（联想、定位和想象）意味着"最棒的记忆技术"，因为这三个因素是将糟糕的记忆转变为强大记忆的最重要的因素。

用旅行记忆法记住报纸内容

我通常会利用旅行记忆法来记住报纸内容。与以往一样，首先需要进行定位。我通常会在户外选择一个地点。

你还记得之前我们列过的购物清单吗？当时我让你围绕自家房子构思一次旅行。那里的空间可能有点儿狭窄，不过也没关系，因为列购物清单时你只在一个房间里放置一件东西。但看报纸的时候，你需要更宽阔的空间。所以我现在想让你构思一次惬意的徒步旅行，比如在公园里散步。

我会这样设计旅行路线：假设第一个阶段是公园的前门或入口处，紧接着可能是一棵树，一棵有趣的树，你可以把它当作第二个阶段。第三个阶段可能是儿童游戏区。

然后，我开始浏览报纸，确定中心主题。假如我在头版看到了麦当娜，我就让她处于此次旅行的第一个阶段。

然后，我翻到下一页，寻找任何能吸引我眼球的内容。假设我一眼看到了"寡妇中大奖"，我就会想象一个寡妇出现在此次旅行的第二个阶段，站在那棵树的旁边。

然后，我翻到报纸的第三页，看到一则手机广告。同前面的做法一样，我会把手机这个主题和位置联系在一起，这个位置是儿童游戏区。

接下来，我会快速浏览一遍。我会想：谁在公园前门？是麦当娜。她穿着运动鞋，也许正打算到公园里跑步。然后，我进入第二个阶段，那儿有一棵树。它对应什么内容？文章标题是"寡妇中大奖"。然后，我进入第三个阶段，来到儿童游戏区。也许滑梯上面有一个孩子，他手里拿着一个手机……

设计好旅行路线之后，我就有了依托，可以往里面添加更多信息。你有没有注意到，在读报纸的时候，虽然有很多信息输入大脑，但其中很多信息都会被忘记，因为你不知道如何记住它们，直到有人问你："你听说那个寡妇的事了吗？"你才会突然想起相关信息，说："哦，是的。她中了大奖。"直到那时，所有的消息才从脑海中重新浮现。旅行记忆法的美妙之处在于，它可以让你按顺序访问所有信息。

让我们回到第一个阶段。这一次，看一看更多关于麦当娜的细节，把这些内容添加上去。信息内容可能是她的41岁生日，所以，你如果想记住这一点，就可以使用多米尼克系统：数字41转换成字母DA，这让你想到了演员丹·艾克罗伊德。所以你可以把他和麦当娜放在同一个场景中。

然后，你翻到下一页，看一看更多关于那个寡妇的信息，不断地向相应的场景中添加内容。

练习记忆报纸内容

我们现在要做一个练习，模拟记忆一份报纸的内容，但我们只记忆其中的 10 页。

首先构思一次户外旅行，可以围绕某个公园，也可以围绕你比较喜欢的一次散步，全程包含 10 个阶段。设计好 10 个阶段之后，你就可以记忆下面我给你的各种形象。

在此过程中，试着将每个形象与具体地点联系起来。现在前往你脑海中的第一个地点，我将给出第一个形象。马上开始。

第一个形象是一架飞机。请运用你的触觉、味觉、视觉、嗅觉、听觉、情感、色彩、动作等，把你想象出来的飞机固定在第一个阶段的背景中。

现在进入下一个阶段，也就是第二个阶段。这次你看到的是演员詹姆斯·迪恩的照片或海报，看看你能不能想象出这一形象。现在把他固定在你的场景中。

下一个阶段是第三个阶段，我要你想象一个典型的夏天场景，地点是一条河，河里有几艘船。

现在进入第四个阶段。这一次的形象是一双袜子的广告，你如何把它和场景、地点联系起来？可以使用逻辑推理。

好了，继续。记住，你现在正在散步，已经走了一半，现在来到第五个阶段。这一次我想让你想象一下电话亭的照片。

第六个阶段是一个常见的场景，你可能在公园里看到过，那就是一群孩子在踢足球。

现在，进入第七个阶段，想象一下两枚 50 美分的硬币。

进入下一个阶段，第八个阶段。这次你看到了另一张海报，是电影《大白鲨》的海报。

下一个阶段是第九个阶段，这个阶段的形象是一个礼品店的照片。你怎么把它和场景联系起来？

最后，在第十个阶段，你看到了两个邮箱。

在这个过程中，你要不断地复习。现在再回到第一个阶段，你看到了什么？一架飞机。在下一个阶段，形象是詹姆斯·迪恩的照片或海报。在第三个阶段，形象是河上的船。来到第四个阶段，形象是一双袜子的广告。

第五个阶段是电话亭。

在下一个阶段——第六个阶段，一群孩子在踢足球。

然后我们看到两枚50美分的硬币，然后是电影《大白鲨》的海报，然后是礼品店，最后是两个邮箱。好了，现在你已经记住了。

利用场景，添加信息

下面要讲的方法是利用场景，添加更多信息。回到第一个阶段，这个阶段的形象是一架飞机。我们将使用我之前教给你的全部技巧，比如数字形状，补充一些细节。我想让你把这些细节信息转换成各种形象，并把它们添加到每一个场景中。

我和你一起完成第一个阶段。记住，这个场景中有一架飞机，它有一个航班号，我想让你把它转换成另外一种形象，添加到飞机上。航班号是AA91。思考一下，如何将其进行分解并把它们转换成不同形象。

你可能会想到美国航空公司（American Airlines），也可能会想到安德烈·阿加西（Andre Agassi）。数字91怎么处理？根据多米尼克系统，91可以转换成字母NA，因此可以让你想到宇航员尼尔·阿姆斯特朗（Neil Armstrong）。把安德烈·阿加西和尼尔·阿姆斯特朗连起来，就得到了 AA91。想象出来了吗？

进入下一个阶段。这里的形象是詹姆斯·迪恩的海报，海报下面的标题是《无因的反叛》。你可能对这部影片了如指掌，所以我希望你能把《无因的反叛》想象得栩栩如生。还记得他穿着皮夹克抽烟的姿势吗？

现在进入第三个阶段：场景是夏天，河中有几艘船。文章标题是《气温飙升至 88 华氏度[①]》。同样，你需要把数字转换成形象，所以你可以使用多米尼克系统，把数字 88 转换成对应的字母 HH。HH 让你想到了哪个人物形象？摔角明星胡克·霍根（Hulk Hogan）如何？现在，把他安排到船上。注意，你要让自己融入画面。

现在来看第四个阶段，这是一双袜子的广告。我们这里有一个价格标签：6 美元。你可以把 6 转换成数字形状，比如大象的鼻子，这样就可以把大象和袜子联系起来了。

下一个阶段是电话亭。这里有一张纸条，它告诉你必须拨打这个号码：分机号码 189。你把它分成两个数字。首先你会想到一个人，阿尔弗雷德·希区柯克，对应数字 18。然后是数字 9，其数字形状是系着细线的气球。所以你可以想象阿尔弗雷德·希区柯克拿着一个系着细线的气球站在电话亭旁边。

接下来看到的是一场足球比赛，比分是 7∶3。同样，你需要把它们转换成字母：73 对应的字母是 GC，GC 让你想到演员乔治·克

---

① 88 华氏度 ≈31.1 摄氏度。——编者注

鲁尼（George Clooney）。请让他和孩子们一起踢足球。

再看下一个阶段，这里有两枚 50 美分的硬币。标题为《金属探测仪找到了 50 美分的财宝》。想象你自己带着一个金属探测仪出现在那里，发现了一个价值 50 美分的宝物。

第八个阶段是影片《大白鲨》的海报。还记得那张著名的海报吗？标题是《牙医在罢工》。有关这个场景的联想我就交给你了。

倒数第二个阶段是礼品店，请在你的脑海里研究一下那张照片。这家商店的名字是"礼品公司"。

最后一个阶段是两个邮箱，标题是《科学家克隆邮箱》。

请从头回顾一下这些场景，把自己融入其中，看看哪些信息涌现了出来。

回到第一个阶段，你看到了什么？是一架飞机，其航班号为 AA91。下一个阶段，你看到了詹姆斯·迪恩，标题是《无因的反叛》。很简单，对不对？第三个阶段你看到了划船的场景，标题是《气温飙升至 __ 华氏度》，这时，你想到了胡克·霍根，所以那个数字一定是 88。

下一个阶段，你看到了袜子的广告，价格是多少？你想到了大象，因此价格是 6 美元。

下一个阶段是电话亭。分机号码是多少？想象一下阿尔弗雷德·希区柯克手里拿着系着细线的气球，因此分机号码应该是 189。

下一个阶段是足球比赛。谁在那里？是演员乔治·克鲁尼，与其首字母 GC 对应的数字是 73，所以比分是 7∶3。

第七个阶段的标题是什么？《金属探测仪找到了 50 美分的财宝》。

现在出场的是著名的《大白鲨》的海报。它的标题是什么?《牙医在罢工》。

下一个阶段是礼品店。这家店叫什么名字? 商店上方的招牌上写着什么? 写的是"礼品公司"。

最后一个阶段是那两个邮箱,所以标题是《科学家克隆邮箱》。

你明白这种记忆方法的原理了吗? 你明白最初的象征性图像是如何充当记忆依托的吗? 它们就像衣服挂钩一样,你可以往上面添加更多信息。如果你回到第一个阶段,从头开始,给你创造的新形象添加更多信息,这些信息就构成了记忆基础,你就可以记住报纸上的全部内容。当然,只有练习才能提高记忆速度。如果你真的能把速度提高几倍,你就能记住当天的股市行情。

记忆方向

现在我们来看一看如何记忆方向。我想知道你以前是否遇到过这种情况:你开车来到一座城市,参加一个非常重要的会议,但已经迟到 5 分钟了。道路标志让人摸不着头脑。绝望中,你摇下车窗,对一个路人说:"劳驾,打听一下,我现在有点儿急事,必须赶到洛奇汽车旅馆,请问应该怎么走?"

那个人说:"我知道那个地方。你看到那边的路了吗? 那条路通向格兰特大街,那里有一座古老的教堂。不要往那个方向走。"你已经迟到了,这个家伙的回答却让你的处境雪上加霜。

最后,他终于指出了正确的方向:"右转进入蓝色大街,然后左转进入海豚街。在环形交叉路口的第二个出口处前行,经过左边那家巧克力工厂,然后在第四个路口右转,再往前走,卫星中心旁边就是洛奇汽车旅馆。"

你摇下车窗,对他说了一句"非常感谢",结果却开到了教堂所在的那条路,那正是你被告知不能去的地方。

下次再听别人指路的时候,请把信息一点儿一点儿地输入你的大脑,并使用旅行记忆法来记忆方向。

下面我将沿着那个人指明的方向重新走一遍,但这一次,我们将使用一个包含 6 个阶段的路线来定位你构思出来的形象。如果你居住在城市中,那么你可以使用城市街道的布局来模拟方向,但在这个例子中,我们使用的是高尔夫球场。

首先,请和我一起想象:我们一起站在当地高尔夫球场的第一个开球区。现在我们进入第一个阶段:右转进入蓝色大街。那个人让我们向右转,于是我们现在照他说的去做,看向我们的右侧,我知道在那家高尔夫球场的第一个开球区有一棵树。接下来怎么办?我们要把这棵树变成蓝色的,所以,请想象一下,在第一个开球区,有一棵蓝色的树。

现在我们来到下一个阶段,沿着高尔夫球场的第一球道往前走,这时我们听到指路人说:"左转进入海豚街。"于是,我们按照指令,看向左侧,此时我们会想象出什么?我们在第一球道上看到一只海豚。

现在我们来到球场中的第一个果岭。让我们想想下一个阶段:环形交叉路口的第二个出口。这很方便,因为我们现在位于一个圆形的草地上。那个人说的是第二个出口,于是我想到了 2 的数字形状天鹅,所以我想象果岭上有一只天鹅。

现在我们进入下一个阶段，也就是第二个开球区。这里的提示是：经过左边那家巧克力工厂。与之前一样，我们看一下我们左侧的位置，那里可能有一棵小树或者一个小屋，所以我们想象它是用巧克力做的。现在充分发挥你的想象力，经过你左边的巧克力工厂。

继续往前走。现在我们来到了第二球道。接下来的提示是：在第四个路口右转。所以我们再看一下右边。现在我知道，在第二球道上有一个大沙坑，因为打球时我总是被困在那里。那个人让我们在第四个路口转弯，数字 4 让我们想到它的数字形状帆船，所以我们想象沙坑里有一艘小帆船。

现在，我们到达第二个果岭。我们已经到达目的地了：再往前走，卫星中心旁边就是洛奇汽车旅馆。想象一下，果岭上有一颗卫星，这时你知道自己已经到达了目的地。

你现在要做的就是再回顾一下这个场景。回到第一个开球区，我们得到的指令是什么？向右看，我们看到了一棵蓝色的树，从而知道我们要向右转，方向是蓝色大街。沿球道向前走，这一次我们看到了什么？那里有一只海豚，它在什么方向呢？它在左侧，所以左转，进入海豚街。

好了，现在我们来到了第一个果岭。果岭上有什么？是一只天鹅，对不对？天鹅是 2 的数字形状，所以它肯定代表了环形交叉路口的第二个出口。

现在我们来到第二个开球区，左边有一样东西，对吗？那是一个小屋，是用巧克力做的，所以我们一定要经过你左手边的巧克力工厂。

接下来我们来到第二球道。沙坑里好像有东西，在沙坑右侧，那是一艘帆船。由此我们知道我们要在第四个路口右转。

最后，我们来到了第二个果岭，我们看到了什么？看到了卫星天线。想起来了，那个人当时就是这么说的：卫星中心旁边就是洛奇汽车旅馆。

现在，你明白了如何使用这个方法来记忆方向。这个方法真的很管用，因为只要涉及向右转的提示，就意味着我只要在我的右边放置一个关键形象就可以了。我可以使用数字形状来表示数字，同时还可以使用动作、颜色、味道、夸张等手段。

下次，当你迷路的时候，不要着急，深呼吸一下，相信你的记忆不会让你失望，只要把你听到的这些指令转换成丰富多彩、具有象征意义的形象就可以了。下次长途旅行的时候，可以试试这个方法。当然，你可以随身携带路线图，但一直低头看图寻找方向并不可行，有时也不安全。不妨试着先用旅行记忆法记住方向信息，然后看看你能走多远。你应该能走完全程、到达目的地。

你可以试试这个方法，一定要相信自己强大的记忆力。因为，记忆课程学习至此，我希望你能开始发挥自己的记忆能力。

第14章
大脑与记忆

　　我希望你现在正在使用这些记忆技巧来帮助自己处理日常事务。也许你已经成功地记住了名字和面孔，记住了购物清单。或者，作为一名学生，你已经利用这些记忆策略提高了学习效率。

　　也许，你现在的说话风格干脆利落、坚定自信，已经给同事留下了深刻的印象。于是，他们开始问这样的问题："你身上发生过什么奇迹？你的记忆力怎么一下子变得这么好？"你周围的人开始怀疑你了吗？他们可能会问："你是不是一直偷偷学习记忆课程？"或者他们干脆直接发问："你是怎么做到的？"

　　你注意到其他变化了吗？比如，你是否感觉有点儿沾沾自喜，或者感觉自己联想的速度比以前更快了？你能记住的东西是不是越来越多了？你的想象力是不是越来越强了？你是否觉得自己变得比以前更专注了？你的观察力是不是越来越强了？你对自己记忆和回忆信息的能力是不是越来越有信心了？你的思维是不是变得更有条理了？也许，你能更好地应对压力，并且感到压力减轻了。锻炼记忆肌肉这一比喻对你有意义吗？

你的梦是不是因为锻炼视觉想象力而变得更生动了？你的睡眠质量是不是得到了改善？

接下来，我们要研究一下我们的大脑，分析一下为什么记忆训练是开发整个大脑的最佳途径。

人类左脑和右脑的功能是什么？为什么只有保持某种情绪才能最大限度地集中注意力？学习的最佳条件到底是什么？

如果你不确定自己训练大脑的方式是否正确，那么我将更深入地解释增强记忆力是什么感觉，怎么才能在几分钟内记住一个400位的数字。我要告诉你成为记忆冠军是什么感觉，你也可以成为一个潜在的记忆冠军。

为什么努力想象平·克劳斯贝穿着白色喇叭裤的情景会对我们的大脑有好处？我认为，正如这本书描述的那样，记忆训练可以平衡你的大脑，促进生活各方面的和谐。它能带来成功的人际关系，也能带来事业上的成功。

为了证明我的观点，让我们研究一下你的大脑内部构造，特别是左脑和右脑的功能。人的大脑分为两个部分：左脑和右脑。你的大脑本质上是电和化学物质的混合体，大脑左右半球之间有一种连续的电流，这种电流的频率在一天中变化不定。

对我们大多数人来说，大脑一侧的运转速度与另一侧的运转速度相当吻合，因此有"平衡的大脑"的说法。然而，如果大脑一侧受损，就会导致脑电波频率失衡。

类似于中风这样的极端情况的出现，可能是因为缺氧破坏了大脑的某些区域，导致患者丧失语言能力。或者，即使语言能力得以保留，患者也可能会觉得自己忘记了大量词语，就像词典缺了几页一样。

左脑和右脑的功能

大脑左右半球处理信息的方式略有不同。左脑更擅长串行处理和信息分析，一个一个依次进行。这就是为什么我们的左脑非常适合学习语言、用逻辑的方式解决问题和处理数字。

右脑更擅长并行处理，换句话说，它能同时接收几种信息。右脑更适合处理图片、颜色、特征和情感。它在做梦期间非常活跃。

一般来说，左脑更适合处理与文字、数字、顺序、分析、演讲、线性序列、逻辑等相关的事务，而右脑则更适合处理与空间意识、颜色、做梦、概括、节奏、维度、想象力等相关的事务。

我无意给人留下左右大脑彼此孤立的印象，但你有没有注意到有些人似乎更擅长处理某些方面的事务？例如，你可能会认为，左脑型的人，也就是善于使用逻辑、顺序、数字和文字的人，可能是会计或律师。而右脑型的人呢？可能是艺术家、音乐家、建筑师或梦想家。

你可能会认为：像达·芬奇那样，充分开发左脑和右脑，成为一个杰出的全能者，左脑和右脑的功能都很强大，二者平衡协调，难道不是很好吗？

要想记住左脑和右脑的这些功能，请想一下你在使用旅行记忆法记忆购物清单时使用的是哪一侧大脑。你在整个旅行过程中使用的是顺序，所以使用的是左脑。当然，你在使用想象力的时候，使用的就是右脑。

如果你在使用空间意识，那么你使用的还是右脑。如果你在使用文字呢？此时你在阅读文字，将来自左脑的文字转换成右脑的图片。如果你在使用颜色，那么你使用的是右脑。在使用逻辑时（记住，我一直告诉你要运用逻辑推理，让构思出来的旅行合乎逻辑），比如，我让你回答麦当娜为什么站在公园门口，你会给出一个理由，所以你使用的是左脑。

你在使用概括的同时，也在使用串行处理，一点儿一点儿地获取信息。你在使用并行处理时，也在转换串行处理传递来的信息，同时使用许多东西将其安排到一个整体场景中。

事实上，你会发现你正在锻炼所有这些大脑功能。换句话说，你在同时开发左脑和右脑的功能。

完全同步的左脑和右脑是如何表现自己的呢？如果将其功能综合起来，那么能得到什么样的结果呢？是不是会得到丰富多彩的逻辑、富有想象力的演讲或者空间分析？

现在，请回答下面这个问题。在前几次练习之后，你是否觉得你的大脑有点儿紧张，有点儿超负荷？就像任何未充分利用的肌肉一样，大脑需要一段时间才能变发达，也需要一段时间才能放松。

一开始就一下子完成所有的事情（记住旅行的各个阶段，展开联想，把联想到的事物转变成某个形象，然后进行夸张处理，把这些形象定位到想象出来的背景中），会不会让你有点儿不舒服？

当然，一开始并不容易，因为这是在号令你的整个大脑，你在要求整个大脑全神贯注听你指挥。

假如你会开车，你还记得自己第一次学车时的情景吗？你必须同时做很多事情：把一只脚放在离合器上，挂挡，把另一只脚放在油门上，慢慢地松开离合，观察后视镜，打转向灯，然后起步。

你当时有没有为学车感到头疼？你是否有想过"我永远也学不会开车了，要掌握的东西实在是太多了"？但是你最终学会了，而且现在开车对你来说已经是驾轻就熟的事了。

我相信，这种记忆训练方式会让你的左脑和右脑都自动参与到记忆中来。每天做一些简单的训练，相当于在清晨做俯卧撑。就像运动员跑步前所做的热身活动那样，通过拉伸练习，把身体活动开，可以为你的大脑热身，把大脑活动开，以应对每天的事务和压力。

脑电波的四种波形

还有更多的证据表明，记忆训练具有平衡、协调左脑和右脑的作用。让我们看看你的脑电波。大脑可以产生四种脑电波：α波、β波、θ波和δ波。其中，β波的频率最高。癫痫发作时，β波表现极为活跃，其频率超过30赫兹。

如果我说话的时候脑电波处于β波状态，那么，要想集中精力正常讲话，我的大脑必须以大约14赫兹的频率运转。正常情况下，阅读时脑电波大致处于α波状态，频率是8~10赫兹。α波是用来集中注意力和接收信息的。

有时候，脑电波的运转速度会更慢，处于θ波状态。θ波是记忆脑电波，用来下载信息。当你使用旅行记忆法回忆信息、拾起往日记忆的时候，你的脑电波频率能下降到4~7赫兹。

做梦的时候，你的脑电波活动也处于 θ 波的状态。在做梦的过程中，你看到了各种形象和画面，导演了这部梦中大片。此时，你的脑电波频率会下降到 3～5 赫兹。

如果脑电波频率下降到 1 赫兹，你就处于 δ 波状态。这是你能达到的最低水平，此时你甚至没有做梦，脑电波的活动仅仅能维持重要器官的运转而已。

在一整天的生活中，我们一直在自动使用脑电波，脑电波活动就像悠悠球一样上上下下。要想集中注意力，我需要处于 α 波状态和 θ 波状态。

几年前，我在记忆一副纸牌的时候，有机会录下了我的脑电波，结果极具启发性。当时，几根电线通过电极连在我的头上，我拿着一副纸牌，一边用手指翻动洗好的 52 张牌，一边记忆纸牌顺序，大约一分钟之后，我准确地说出了 52 张纸牌的顺序。

之后，我回放了脑电图，想看看我的大脑的记忆速度是快还是慢。我原以为拥有如此记忆力的人的大脑一定运转得非常快，但从脑电图来看，我的脑电波实际上减缓了速度，记忆时，我的脑电波处于 α 波和 θ 波两种状态。

翻动纸牌时，我实际上是在接收信息，所以我需要相当安静，此时脑电波处于 α 状态，频率大约为 7 赫兹。但偶尔我需要下载对纸牌顺序的记忆，所以我又需要处于 θ 波状态。

这里有一点比较特殊：当从我记忆纸牌那一刻开始回放脑电图时，我们没有看到明显的 α 波，却看到了 52 个单独的 θ 波波峰。换句话说，每当我记住一张纸牌，这个过程就会显示在屏幕上。我认为,这证明了我需要降低大脑的频率——直接降到 3～5 赫兹——

来记住信息。

峰值学习波

这些都带给我们很多启示。要想快速学习,你需要让你的大脑运转速度变慢。这有点儿自相矛盾。不管怎样,如果你想认真学习,那么,大喊大叫、吵架、过于激动或歇斯底里都不是个好办法。

峰值学习波是 α 波。理想的学习环境应当是安静的、不受打扰的房间,因为在那里你会感到很放松。你如果想回忆信息,就需要进一步减缓脑电波速度,进入 θ 波状态。

不妨思考一下这个问题。与身处混乱状态相比,坐在一个安静的房间里,闭上眼睛,你可以更容易地想起过去发生的事情。

通过这种方式,采用本书任何一个练习来锻炼你的大脑,都可以促进左脑和右脑的平衡与协调。如前所述,你的大脑大约有 860 亿个神经元,这些都是大脑的工作部件。这些脑细胞之间的联系能够产生记忆。

每当你有了一个独特的新想法,你就在大脑神经元之间建立了新的联系。据估计,我们仅仅利用了大脑真正潜能的 1%,因而这是一个巨大的未被开发的资源。

我经常被问到的一个问题是:那么多数字和扑克牌,难道不会把你的脑袋塞得满满的吗?事实上,我记忆得越多,似乎就越有空间储存新的信息。所以,你可以通过思考新的想法来开发你的大脑。新的想法意味着新的联系,意味着大脑中产生了新路径。这样一来,你就有了更多解决问题的方法。

当你想到你家当地高尔夫球场第一个开球区的右边有一棵蓝色的树时，你就在你的大脑中创造了一个全新的路径。稍后，你就可以使用这个新路径来解决问题。这就相当于想象一条从你家通往机场的路。如果只有一条路，而且路上交通拥挤，你就被困住了。但如果你有了新的路线，有了其他选择，你就可以通过很多不同的路径到达你的目的地。

这就是每次锻炼大脑时大脑中发生的事情，这就是我一直说这些练习不仅非常实用，而且对锻炼你的整个大脑非常有益的原因。

为什么我们欣赏才思敏捷、说话诙谐的人？为什么我们喜欢喜剧演员？为什么人们喜欢展示幽默？也许这是因为幽默表明他们的大脑中有着丰富的联想。如果某个政客能迅速地以幽默的方式驳斥棘手、尖锐的问题，他就能赢得选举，因为人们会觉得这位政客对一切问题都胸有成竹。一句话：智者得天下。

练习养成良好的心态

下面我们进行一个冥想练习，努力养成良好的心态。你可以先完整地读完练习要求，然后根据要求进行练习，也可以让别人读给你听，或者，你也可以先把要求录下来，然后一边听一边练习。

请仰卧,或者舒服地坐在扶手椅上,闭上眼睛,感受每一块肌肉,让你的注意力从双脚开始逐渐向上移动。在向上移动的过程中，请放松肌肉，不要紧张，直到觉得全身都很沉重。先从脚趾开始，逐渐向上，放松身体的每一块肌肉。在向上移动的过程中，试着感觉压力在消失。

当你的注意力移动到脸部时，请感受一下面部肌肉，释放肌肉中的紧张，让你的下巴在重力的作用下自然下垂。

现在，在身体其他部位都得到放松之后，你可以把注意力放在自己的呼吸上了。想想你的心跳，想想任何可能由焦虑或压力引起的不适感。

慢慢地深呼吸，即使你的心脏可能在剧烈地跳动。运用你的想象力，把你可能想到的痛苦和不适感转换成联想出来的生动形象。

例如，我偶尔会感到喉咙下面有恶心的感觉，我把它想象成一些缓慢移动的灰色小球，顺着气管向下移动，这些小球在我的胸腔里聚集，形成一个黏糊糊的、表面布满煤烟的滚珠轴承。

无论你的紧张或不适以什么形式表现出来，你都可以想象出一只手，它伸进你的身体，抓住那些令人不快的东西，然后把它们扔得远远的。一直重复这个过程，直到压力被消除。

身体放松之后，你可以深呼吸，以减轻不适感。请想象出一个能让你心绪平静的形象，让你感到快乐或放松，它可以是某个地方，也可以是某个人，比如你童年的某个场景、某个度假地点，或者某个你爱的人。抓住这个形象，试着让自己沉浸在那些愉快、温暖的感觉中。

慢慢地把那些愉快的画面叠加到让你感到焦虑的形象上。例如，你可以想象，当你走进大学考场或单位会议室时，你看到你爱的人站在那里。

在我的例子中，我使用的场景是一张桌子。桌子上放的不是一副扑克牌，而是一个文字处理器，它通常代表了工作、项目截止日期、账目和其他事项。通过混合这些形象（有的代表快乐，有的代表焦虑），我消除了我恐惧的对象。

正视你最恐惧的事情、消除与之相关的任何不好的感觉之后，你就可以以一种放松、积极的心态来处理手头的工作了。

你不妨试试这个方法。它对我非常有效，对你可能也有帮助。在下一章中，我们将继续介绍更先进的高效记忆技巧。

第 15 章

第一次高级测试

接下来,我们要给你做第一次高级测试。首先,请准备一次包含 30 个阶段的旅行。如果你已经围绕你的房子设计好了一条包含 10 个阶段的路线,就把它延伸到 30 个阶段。你还可以把这些阶段写在一张纸上,这样你就可以熟悉一下它们,反复研究几次。

在设计路线时,尽量让各个停顿点有趣一些,可以使用树桩或报摊。不要有太多相似的阶段,比如,如果旅行中需要乘坐火车,那么车厢数量不要超过一个,因为我们要让每个阶段都独一无二。准备好 30 个阶段之后,我们就开始测试。

同样,你可以让别人把测试要求读给你听,也可以把测试要求录下来,一边做这个练习一边听录音。

现在,我要求你集中精力,坐直身体,双脚稳稳地放在地面上,面朝前方,双手放在腿上,坐姿端正,背部挺直,整个人保持放松的状态,呼吸顺畅。

闭上双眼,想象自己沿着准备好的旅行路线移动。你应该如何观察每个阶段呢？试着在每个阶段都选择有利的位置，感受每个阶段。要解释你从某个房间里得到的感觉并不容易，因为你可能不止得到一种感觉。来自过去的各种联想混合在一起，会让你对某个特定房间产生一种独特的感觉。看看你能不能感觉到这一点。

检查一下你的呼吸，确保它处于放松的状态，同时也要保证呼吸健康。氧气对你的记忆力和健康都至关重要，它能促进树突的生长。

沿着旅行路线前进，身体要一直处于放松的状态。脑子不要快速运转，要给人一种匀速活动的感觉。精神要放松，但注意力要集中。

如果你感觉到你的眼睑出现轻微的颤动，那么你的脑电波处于α波的状态，此时，你处于集中注意力、倾听和接收信息的最佳状态。

如果你认为自己已经掌握了此次旅行的正序和逆序路线，我就开始按顺序告诉你30个物体。而此时你应该闭上眼睛，想象自己已经到达第一个阶段相应的位置，正在等待事情的发生。

同样，要运用逻辑推理，但这次要稍微夸张一些。不过，你不必过分夸大这些形象，因为它们对你来说应该已经很自然了。你如果喜欢颜色这个工具，就使用它。把你脑海中出现的第一个形象（瞬间出现的想象）作为第一个联想。从现在起，我不会给你任何帮助。你在阅读下面每一个词语时，都闭上眼睛，想象对应的物体。

下面给出的是词语列表：

黄色气球	卷尺
玫瑰	蓝色钢笔
吉他	公文包
茶壶	雨伞
毛茸茸的狗	雕像
画	牛奶
公共汽车	计算机
凉鞋	婚礼蛋糕
冰激凌	长颈鹿
镜子	滑雪板
棕榈树	绳子
鱼竿	高尔夫球袋
帽子	闪闪发光的礼服
锤子	日记
钻石袋子	钢笔

在这个过程中，请一直思考，闭着眼睛，回顾各个场景。回到第一阶段，从头开始，一个一个地回顾。要保持冷静、放松，让自己完全沉浸在想到的画面中。回忆时不要勉强。你如果不确定，就顺其自然。如果想不起来，就跳到下一阶段。

给自己打分

你回忆起那些形象了吗？现在把它们按顺序写下来，并与上面的列表进行比较，得 10 分为优秀。如果你能按顺序记住前 7 个，你就是世界上拥有最强记忆的人中排在前 1% 的人。

如果你一直在练习这些记忆技巧，那么我估计你能得 10~20 分，即使你不能按顺序排列这些词语，你也已经相当优秀了。如果你得到了 20~25 分，你就远远高于平均水平。如果你全部记住了，得到 30 分，就轮到我担心了——你有可能成为世界记忆竞赛冠军的劲敌。

即使某种原因导致你得分很低，也不要担心，你马上就能得到帮助。你只需要多练习一下自己的视觉想象力。

人们经常问我："这些信息在你的大脑里能保留多久？"现在你可以回答这个问题了。你可以自我判断一下，看看这些信息能在你的大脑里停留多久。

开发你的视觉想象力

这里有一个练习，可以帮助你提高视觉想象力。即使你不会画画或者不是很擅长艺术，也不要担心。

手持一瓶花，或者拿一些类似的东西，准备好一张纸。花 2~3 分钟研究一下这瓶花，尽可能记住更多细节。

然后，移开视线，开始画画，尽量再现那瓶花的所有细节，试着画几分钟。等记忆的细节全部用光时，再回头看看那瓶花，这次你会注意到更多细节，比如你可能会看到树叶的影子或形状。

多记忆一点儿信息，再花几分钟研究一下这瓶花。

然后，回到你的画中，把这些细节添加上去。不断重复这个过程，直到你真的再也没有任何其他想法。试着记住尽可能多的细节。

你应该经常进行这个练习，它确实有助于提高你的观察力，开发你的视觉想象力。

第 16 章
时间旅行

如果你因为无法回忆起童年的场景而感到沮丧，这一章就是为你准备的。

我猜，我们都经历过这样的时刻：以前生活中被遗忘的美好回忆会突然涌上心头。这种感觉令人兴奋，但也可能令人沮丧，因为我们只记得一星半点，它们转瞬即逝，很快就消失得无影无踪。

我把接下来这个练习叫作"时间旅行"，或者"如何回忆起你生命中被遗忘的记忆"，其出发点是回到你过去的某个特定时间和地点，并试着尽可能多地回忆起所有细节。

具体做法如下：首先想象你回到了某个地方，这个地方能唤起你很多零散的、偶然的记忆，比如你以前的学校、老朋友的房子或者你很久以前离开的城镇。然后选择一个具体的起点，比如操场上的旗杆、教堂的长椅、树屋，或某个朋友家的厨房。

环顾一下你的周围，思考一下你用来记忆画面的技巧，进入画框，让自己置身画面之中。你回想到了哪些事情？那时你多大？你身边有哪些朋友？经常听到哪些声音？周围的交通怎么样？有火车吗？有孩子们在玩耍吗？

　　试着回忆一些特定物体发出的独特声音，比如正门发出的"砰砰"声，窗户发出的"嘎吱"声，地板发出的"咯吱"声，水管发出的抖动声。也许你能回想起你工作过的地方特有的声音，比如叉车、滑动门、复印机、老式打字机或工厂中某种机器发出的噪声。

　　谈到工厂里的机器，我至今仍然被许多年前一台重型碎纸机发出的独特声音困扰着。在很长一段时间里，我的耳朵里一直充斥着这个庞然大物发出的碾轧、撕扯和撕裂的声音，它一刻不停地粉碎多达数百万平方英尺[①]的摄影废料和底片。所有的嘈杂声最终换来的产品是一些很小的碎块。即便如此，当我回想起过去那些令人不舒服的声音时，也会得到某种程度的补偿，因为我能够回想起那段生活中很多相关的记忆。

　　快乐的联想与人、地点、音乐、聚会和声音有关。看看你能不能回忆起某种声音，甚至音色。你如果把自己以前的学校或工作场所作为你想象中的那个地方，就试着回想一下老师、学生，或者老板、同事说过的口头禅，同时留意当时发生的一些事情。因为，不管这些事情现在看起来多么微不足道，它们都对你很重要。与之前的做法一样，在这个过程中，你要运用所有感官。

　　你能回忆起潮湿、发霉的房间里的气味或者你家花园里的香味吗？你能回忆起那张抛光的胡桃木桌子的光滑触感或者你在上学路上用手抚摸过的那堵砖墙的粗糙表面吗？

---

① 1 英尺 ≈ 0.304 8 米。——编者注

你可以在唱盘上放一张旧唱片，比如一张甲壳虫乐队的旧专辑或者肖邦的古典音乐，让自己随着音乐回到当时的心境。作为一个非常强大的工具，音乐可以帮助你回忆过去。它可以把你带回到很久之前，让你瞬间想起当时所有的情感和想法。

联想

联想是时间旅行的核心。通过联想，一段记忆可以触发另一段记忆，因此你的脑海中很快就会出现一个完整的画面，不仅包括某个地方的布局，还包括你当时的情绪状态。当时你是快乐的、乐观的，还是沮丧的？

你回顾得越深刻，触发的记忆就越多，那些被完全遗忘的经历会如潮水一般涌上心头。最终，经过努力，你会遇到和我一样的问题，永远不会忘记自己的过去。

试着让这种回忆成为你每天的必修课。每天花一点儿时间回顾你过去的同一个地方，直到你觉得自己已经用尽了所有的方法。不过这种可能性微乎其微。每当你回到那个地方时，你都会看到一个更清晰、更全面的画面。这有点儿像拼图游戏：每个细节都会为整个画面增添一些东西。

这样做还有一些其他的好处。时间旅行类似于自我催眠，但它不会危害健康，也不需要别人叫醒你。我在放松地回忆童年时，我的心境和多年前一样，无忧无虑、天真烂漫、无牵无挂。只有在那一刻，我才意识到我的期望和想法发生了多大的变化。

时间旅行还有很多其他好处。不知道如何使用自己记忆的人的一个常见症状是无法回忆起梦境。有人会说："我不做梦。"这简直是无稽之谈。我们每天晚上都做梦。做梦是大脑整理白天思想的方式。通过有规律地锻炼你的记忆，你就能回忆起越来越多的梦，甚至可能会做一些更加疯狂的梦。

最后，你可能希望用旅行记忆法来记忆（你在时间旅行中的）考古挖掘的发现。我在记忆 40 副纸牌时，需要规划 40 次不同的旅行，其中很多次旅行都来自我的童年。

就像运动员通过训练进入状态一样，你也应该有意识地将大脑设置到学习和记忆所需的频率。你如果想放松，就想象把自己的脑电波频率变低。高频率的脑电波是为刺激和娱乐准备的。

你如果想成为爱因斯坦，就稍微降低脑电波的频率。你如果感到焦躁不安、压力很大，就做我上面提到的放松练习。你会发现，创造形象和回忆往事变得更容易，而且你能够在时间旅行中获得乐趣。你的记忆很重要，因为记忆精确地解释了你是什么样的人。因此，从这个意义上来说，每个人都值得重温自己生命中最美好的时光。

第 17 章

记忆纸牌

从现在开始,我们将提高难度。如果到目前为止你对本书的学习进展顺利,而且觉得测试和练习都很容易,那么,从现在开始,你要格外注意,因为最后这些环节的测试非常难。

如果你能成功地按顺序记住 10 个物体,就没有什么能阻止你记住 50 个或更多物体,你只是需要提高速度。而要想提高速度,需要进行练习。

如果你能按顺序记住 50 个物体,那么记忆 100 位数字对你来说应该不成问题,因为你的记忆力已经变得训练有素。现在你需要的只是信心、组织、意志和成功的愿望,当然,还需要一点儿想象力。

我想说的是,你可能已经是记忆冠军了,或者,你已经是一个潜在的世界记忆冠军了。倘若真的如此,你就需要学会如何记住一副纸牌。

也许你喜欢玩纸牌游戏,也许你想记住一副纸牌,或者只是好奇如何记住一副纸牌。不管你怎么想，我都认为，记忆纸牌是微调记忆的绝佳练习。

几年前，在世界记忆锦标赛上，我赢得了记忆纸牌游戏的冠军，在 1 小时内记忆的纸牌数量最多，一共是 18.5 副扑克牌，也就是 962 张。奇怪的是，在 1987 年，我最多只能按顺序记忆五六张牌。

我的大多数竞争对手现在都在使用我使用的技巧，我不知道哪一个对手不使用某种形式的旅行记忆法来记忆纸牌。他们肯定都把纸牌转换成了具有象征意义的形象。据我所知，没有一个顶尖的记忆大师是靠蛮力记忆的，因为这是不可能实现的。他们必须使用某种策略。我认为记忆纸牌最有效的方法是下面这种方法。

现在我手里有一副牌，首先我把牌快速洗一下，接下来开始逐张研究这副牌。在我翻阅这副纸牌时，各种人物形象纷至沓来，出现在我面前。比如，翻到红桃 J，出现的人物是我的叔叔吉姆（Uncle Jim）；方块 A，对应的是巨蟒喜剧组合的约翰·克里斯（John Cleese）；梅花 9，对应的是高尔夫球手尼克·佛度（Nick Faldo）；黑桃 7，对应的是我朋友特里（Terry）；黑桃 6，对应的是我的女朋友。就这样，每张牌都有与之对应的人物形象。

对我来说，现在这已经成为一种无意识的行为，根本不需要任何努力，但最初我是下了一番功夫的。我是怎么找到这些角色的呢？我是从研究人头牌 J、Q、K 开始的。首先，我挑出 J、Q、K，然后开始观察纸牌上的人脸，边看边想："K 让我想起一个朋友，他长得腰肥体圆。"就这样，我慢慢发现了纸牌上的人脸与女友、叔叔、朋友以及名人之间模糊的相似之处。

我建议你拿出一副牌，照着我的做法来做。先从人头牌 J、

Q、K 开始，四种花色，一共 12 张，看看它们让你想起了谁。我倾向于坚持用同一副牌，就像高尔夫球手坚持用他最喜欢的推杆、网球运动员喜欢用某种加重球拍一样。

一直不断地研究人头牌，直到你能把每张纸牌中的人物都迅速与你想到的人物对应。完成这个任务之后，你可以研究其他的牌。是否有哪张纸牌能让你想起某个特定的人物？对我来说，红桃 7 就是"007"詹姆斯·邦德。黑桃 10 呢？正如我之前提到的，它是达德利·摩尔，因为他主演过电影《十全十美》。点数为 6 的牌会让你想到谁呢？这种纸牌听起来比较性感（sexy 与 6 的英文单词发音相似）。红桃 6 让你想到的人物是谁？

一定要发挥创造性思维，积极联想。你如果真的找不到纸牌和熟悉面孔之间的联系，就求助于多米尼克系统，采用下面的方法，把同一花色的纸牌转换成字母。

对于梅花（club），取第一个字母 C，因此梅花是 C。以此类推，非常简单：方块（diamond）是 D，红桃（heart）是 H，黑桃（spade）是 S。现在，你可以想到名人或朋友名字的首字母。还记得多米尼克系统的代码吗？1 对应 A，2 对应 B，3 对应 C，以此类推。那么梅花 2 会转换成什么呢？想一想，答案是 BC。对应 Bing Crosby（平·克劳斯贝）。红桃 2 呢？红桃 2 对应的是 BH，即 Benny Hill（本尼·希尔）或 Bob Hope（鲍勃·霍普）。

梅花 4 呢？与之对应的是 DC，即 David Copperfield（大卫·科波菲尔）。黑桃 3 呢？是 CS，即 Claudia Schiffer（克劳迪娅·希弗）。这是一个有趣的组合。

对于方块 9，这里有个很好记的人物形象：ND，即 Neil Diamond

（尼尔·戴蒙德）。与之类似，红桃 3 对应 CH，即 Charlton Heston（查尔顿·赫斯顿）。你看，在试图记住一副牌之前，必须先学好语言。而对于每一张牌，你都应当把它看作某个人物形象，反复练习，直到这个过程变成第二天性。

不妨想想打字员的动作。专业打字员需要低头看键盘吗？根本不需要。打字员的手指知道准确的敲击位置，就像钢琴家一样。记忆纸牌也是一样。当你看到黑桃 3 时，你看到的就是克劳迪娅·希弗；看到方块 9，看到的就是尼尔·戴蒙德；看到红桃 2，看到的就是本尼·希尔。

为了强化相应的人物形象，你可以给那个人一个道具和一个动作。比如，红桃 J 对应的人物是我的叔叔吉姆，在我的想象中，他总是在看《泰晤士报》。梅花 9 对应的人物是高尔夫球手尼克·佛度，他总是在挥动高尔夫球杆。作为一个完美主义者，只要有机会，他就会练习挥杆。

这种方法非常有用，因为你希望你选中的角色多才多艺，希望他们的动作日臻完善，希望他们能适应任何情况、任何地点。因此，作为梅花 9 对应的角色佛度，必须能在任何他喜欢的地方挥舞球杆，就像吉姆必须能在任何他喜欢的地方看报纸一样。

以方块 A 为例，它总是让我想起巨蟒喜剧组合中的约翰·克里斯。我不太清楚自己为何会产生这种联想。这可能是因为 A 看起来很高。总之，我脑海里的形象是约翰·克里斯坐在新闻主播台后面的样子。

你如果看过巨蟒喜剧组合的短剧表演，就会发现，克里斯偶尔会在各种不同的地方坐在主播台后面。他最喜欢的一句台词是"现在播报一则奇闻逸事"。他出现的地方可能是山顶,也可能是悬崖边,但我想我最喜欢的是他们把主播台放在海里的场景。主播台漂浮在海上,而他打扮得像个一本正经的新闻播音员,西装革履,系着领带,口中说道:"现在播报一则奇闻逸事。"

你可以看到这些人物形象、他们的动作和道具是多么有用,因为你可以把他们放在任何地方。比如,黑桃3对应的是克劳迪娅·希弗,她总是两手叉腰,摇摇摆摆地走着台步。梅花4对应的是大卫·科波菲尔,他要么正在从帽子里掏出兔子,要么正在空中飞。梅花2对应的是平·克劳斯贝,他在干什么呢?他总是一边装饰圣诞树,一边唱着《银色圣诞》。

你看到其中发生什么了吗?这些人物形象都变得活跃起来了,因为你赋予了纸牌生命,现在可以利用他们来帮助你记忆纸牌。

包含52个阶段的旅行

你肯定已经知道了接下来会发生什么。你需要设计一次包含52个阶段的旅行。你如果能做到每看到一张纸牌就想到一个人物形象,并准备好了包含52个阶段的旅行,此时你要做的就是把二者联系在一起。

在学会走之前,不要急着跑。先从半副牌或者10张牌开始,利用包含10个阶段的旅行,想象自己遇到10位著名的王室成员、政客,或者其他什么人,这些人正在做他们最擅长的事情。

例如,下面给出的就是一个典型的短途旅行。旅行的第一个阶段是我母校的正门。我站在门口,发出第一张牌——梅花2,我想到的人物是平·克劳斯贝，他正在装饰圣诞树。记住了吗？

现在进入旅行的第二个阶段，我看到的是我右边的操场，因为那里有事要发生。我发出下一张牌，是梅花9。我立刻想到了尼克·佛度，他在练习挥杆。

现在我进入了旅行的第三个阶段，我在学校的走廊里。下一张牌是黑桃3，我看到了克劳迪娅·希弗。她在走廊里来回走着台步，让学校里的男生们大饱眼福。

下一个阶段是第四个阶段，我在学校的化学实验室里。我现在看到了什么？是梅花4，那是大卫·科波菲尔。他正在实验室里玩空中飞人的魔术。

接着进入第五个阶段，我在学校图书馆。我发出第五张牌，是方块9。与之对应的是谁？是歌手尼尔·戴蒙德。他坐在一块岩石上，高声唱着《岩石上的爱》。图书馆里所有人都无法专心学习，所以他马上就要被轰出去了。

至此，你肯定明白了这一记忆过程。你只需要照这样继续走下去，把纸牌转换成相应的人物，把人物安排在旅途中的不同地点。

现在，我们快速回顾一下。回到第一个阶段，地点是大门外。谁在那里装饰圣诞树？平·克劳斯贝，对应梅花2。第二个阶段，在我的右边，我看到了尼克·佛度，对应梅花9。

进入走廊。走廊里是谁？是克劳迪娅·希弗，对应黑桃3。进入第四个阶段，来到化学实验室，在空中飞的那个人一定是大卫·科波菲尔，对应梅花4。第五个阶段，我看到了尼尔·戴蒙德。

请注意，我不是在编故事，只是在把每个角色和旅途中的某个阶段联系起来，所以我不需要把平·克劳斯贝和尼克·佛度联系起

第17章 记忆纸牌

来。他们甚至听不到彼此的声音，只是被联系到场景中而已。我不是在编故事，而是在通过推理建立逻辑联系。让尼尔·戴蒙德在图书馆唱歌也许会让人感到匪夷所思，但这是有可能发生的。其后果是什么？克劳迪娅·希弗在我母校的走廊里来回走台步的可能性有多大？可能性非常低，但是，万一有这个可能呢？又会产生什么影响？

你可能会想：这个方法不错，但我永远无法把记忆时间降到30分钟以下，因为需要记忆的内容太多了！然而，我第一次记忆整副牌的时候用了26分钟，犯了大约25个错误，而且在此之前我对每一张牌都建立了联想。你可以很容易把时间缩短到5分钟或者更短。如果你能做到这一点，你的记忆能力可能就是万里挑一了。

简要回顾一下：我们前面提到，记忆纸牌还需要学好语言。首先，拿出人头牌J、Q、K，想一下牌面上的人脸让你想起了谁。另外，其他纸牌，比如红桃7，有没有让你联想到某个人？使用多米尼克系统将纸牌转换成名人、家人或朋友名字的首字母，给每个角色一个相关的道具和动作，比如尼克·佛度手里拿着高尔夫球杆，大卫·科波菲尔总是在表演魔术。

在试图记住一副牌之前，你应该先逐张研究每一张牌，直到你能把每张牌都看作某个人在做他们独特的动作为止。

要想记住52张纸牌，你需要构思一次包含52个阶段或停顿点的心理旅行，还要对此次旅行了如指掌。记住，这一旅行保持了你要记忆的信息的顺序。做好一切准备之后，请开始洗牌，洗完牌后慢慢地发牌，按照旅行顺序将每张牌分发到不同阶段。

接下来需要让场景活跃起来，你可以运用色彩、逻辑、夸张、幽默等手段，运用你所有的感官，运用你所有的大脑皮质技能。不要忘了大脑记忆的理想条件——整个人要放松，减缓你的脑电波活动。只需在脑海中看到这些想象出来的场景，就能促使脑电波平衡协调。

一定要记录你记忆第一副牌所用的时间。第一次记住一副纸牌能让你产生非常兴奋的感觉，因此，即使用了一个小时也没关系。你可以放心，下次的记忆时间肯定会大大减少。经过三个月的练习，我的成绩从用时 26 分、出错 25 次提高到用时 70 秒、零失误。

一些实用的小建议

我在这里给你提供一些实用的小建议。请一定要确保记忆之旅顺利，发牌前一定要做好准备。比如，你已经在第一个阶段的卧室里，准备发第一张牌了。如果一开始你觉得很难想象，那么，试着在发牌的时候闭上眼睛。请记住，闭上眼睛可以促使你的脑电波进入 α 波和 θ 波的状态，使你屏蔽干扰、集中注意力、更好地想象。

另一个建议：想象这个区域在一开始是安静的。如果你身处一个城镇，要穿过它，就把它想象成一座空城，所有的居民都消失了。那个被你想象出来的人物即将给这座空城带来生机。2 000 年前，一位罗马作家就曾给出一模一样的建议："设计自己的记忆场所时，最好选择荒凉、偏僻的地方，因为熙熙攘攘的行人往往会削弱记忆效果。"

虽然你可能会认为自己根本不知道足够的地方来存储你需要的所有信息，但是你的想象力确保你永远不会找不到地方，因为正如那位罗马作家所言:"即使有人认为自己并不掌握足够多的理想场所,他也可以解决这个问题,因为人的思想能够触及任何地方,并且可以随意出入,能够构建出某个地方的背景。"

这位作者的意思是,你可以使用想象出来的场所,可以在脑海中创造出无数个想象中的空间来储存你的记忆。古希腊人既采用虚构出来的场所,又采用真实的场所,而且经常把两者结合起来。例如,如果你家里没有足够的房间来安排较长的旅行路线,那么你可以额外构思出一层楼,或者在想象中挖一个地下室。所以,一切皆有可能,而且你不需要申请扩建许可证。

关于视觉想象,我想再多说一句:信不信由你,对于想象出来的形象,我看得不是很仔细,无法完美再现其中的细节。我想,我在做梦的时候可能会看得很仔细,但记忆的时候就不是这样了。但是,不管怎么说,即使无法记住太多细节,我也能牢牢记住想象出来的形象。

想一想下面这种情况。假如我现在对你说"不要四下看,想象着纳尔逊·曼德拉就站在你身后",你肯定能在心中想象出他的形象。你不需要分毫不差地复制这一形象,但你知道他就站在那里。你只需要一些提示就够了,比如他那特有的声音、慈祥的面容、满头的灰发等。只要知道这些,你就能想象出纳尔逊·曼德拉站在你身后的情景。当然,此时需要逻辑推理——他到底在那儿干什么?

所以,请不要认为视觉想象是想象的全部和终点。一定要使用所有有效的工具,比如听觉、味觉、触觉、动作、夸张等等。想象是所有这些事物的组合。

增加记忆存储容量

现在，你或许认为有可能在 5 分钟内记住一副牌，但是如何一次记住 40 副牌呢？

多年前，我在开始练习记忆纸牌时，发现旅行记忆法非常好用，如果再次使用同样的旅行，我就会得到一种双重形象。如果我试着记住另一副牌，那么我的脑子里仍然会有第一副牌的影子。所以我想，我必须构思出另外一次旅行，因为第一副牌的形象需要大约 24 小时才能消失。然后，我发现我需要第三条旅行路线，然后是第四条、第五条、第六条。当我记忆到第六副牌的时候，我的记忆存储容量从 52 个阶段上升到 312 个阶段。这意味着我可以记住 312 个购物项目、312 个名字、312 对儿数字甚至任何 312 个东西。这有点儿像计算机的磁盘空间。要想记住 40 副牌，我需要准备 40 段不同的旅行，每段旅行包含 52 个阶段。直到那时，我才有了真正意义上的存储空间：记忆存储容量上升到 2 080 个阶段。

有了这么大的存储容量，我就可以参加很多世界记忆锦标赛。我需要这么大的存储容量，因为在记忆比赛中，你需要在一个小时内记住 2 000 位数字，需要在一个小时内记住很多副牌，还需要记住名字和面孔、抽象图像、300 个随机单词等等。

其中最难的比赛项目，也是你必须调节自身压力的项目，可能是听记数字比赛。比赛中你会听到一段录音，一个声音以每两秒读 1 位数字的速度读出 400 位数字，比如 6，8，3……

即使你成功地记住了 400 个数字，如果你把第二个数字弄错了，那么你也只能得 1 分。这是突然死亡法。

数字记忆测试

我不会给你一个400位的数字,而是给你一个30位的数字让你记忆,读数速率是每两秒读1位数字。这种测试的平均结果是7~8位数字,这表明智商平平。如果你记住的数字超过9位,就表明你智商很高。如果你能记住将近30位数字,就表明你的智商已经极高了。下面这个测试就是要帮助你瞬间提高智商。

第一步是做好准备。在开始之前,你需要把一切准备妥当。你打算如何完成这项任务?你是打算一次记忆两个数字,还是打算使用数字形状或数字押韵来一次记忆一个数字?因此,根据你的想法,你要么进行一次包含15个阶段的旅行,要么进行一次包含30个阶段的旅行。

与之前的做法一样,你可以让别人读出下面的数字,也可以录下自己的读音,读数过程以每两秒读1位数字的速度进行,然后回放。这30位数字是:7,9,2,2,6,4,0,1,7,8,4,0,0,3,5,3,9,6,0,9,1,5,4,0,3,2,6,6,6,3。

在这个过程中,你要一直思考,把你的答案写在一张纸上,就像我们在世界记忆锦标赛上做的那样。做完测试之后,与上面给出的数字对照一下,记下自己的得分。

你表现得怎么样,分数是多少?如果你记住了7个,就说明你智商平平;如果你记住了10~15个,就说明你的智商很高;如果你记住了16~25个,你就是天才。如果你记住了26~30个,你就属于万里挑一的精英了,你应该考虑参加世界记忆锦标赛。

现在,我们分析测试结果。如果你出现了错误,请想一下出现错误的原因。一段时间之后，你可能会注意到某些数字、纸牌甚至物体似乎总是让你出错。你可能还会发现旅行中某一两个阶段似乎无法帮助自己记忆。这就是分析测试结果的好处。哪些形象给你带来了麻烦？如果这些形象给你的印象不够深刻，就替换掉它们。也许这段旅行太无聊，难怪你记不住其中的形象。在这种情况下，你只需重新构思旅行，重新设计路线。这是一种延迟的生物反馈疗法。

另外提醒一下，如果你的记忆速度慢了下来，那么你应该试着加快速度，大胆尝试，不要怕出错。我记得，有一次，一位英国选手给我打了个电话，她说："我记忆每一副牌的时间似乎都无法少于4分钟。"

"你在4分钟里犯了多少个错误？"我问道。

"我从不犯错。"

"这就是你的问题所在。你必须开始犯错，必须加快速度。"

每次我练习的时候，我通常都会尽量把时间缩短到30秒或30秒以内，也总是会犯4~5个错误。相反，如果我每次都能记忆得没有丝毫错误，我就没有给自己施压，也无法知道自己的极限在哪里。

第18章

成为智力运动明星

参加智力运动项目（比如象棋、记忆、桥牌、速读等）的运动员，现在都被称为"智力运动员"。为了争夺奖金和世界冠军称号，这些智力运动员同其他项目（比如网球、游泳、滑雪、赛车、足球等）的顶尖运动员一样，都会进行训练。

现在，所有项目的运动员都越来越多地将注意力转向他们的大脑，比如顶级高尔夫球手会聘请理疗师、教练和心智专家。我的专家是脑电波机器。记忆中最关键的因素是平衡和协调，而这项最新的技术可以帮助你赢得记忆比赛。你需要佩戴一副带有发光二极管（LED）的眼镜，这些发光二极管会以不同的速度均匀震动。

同时，你要戴一副耳机，耳机能随着灯光及时发出节拍，所以这种光与声音的组合产生的效果能够训练大脑，使其调整到最佳频率，以利于学习、集中注意力、记忆和放松，同时也有利于平衡大脑左右两个半球的脑电波。

我相信，在未来，我们不仅会看到运动员们使用这项技术，还会看到每个人在工作、学习中都把它当作必备技术。当然，通过记忆购物清单，你可以随时帮助自己的大脑保持平衡。

一天的训练安排

现在你几乎知道了所有关于我们这些专业的记忆者为了赢得比赛而使用的记忆策略，因而可能会觉得自己也应该参加记忆大赛，但如今，记忆运动正发展成一项重要的活动。记忆比赛的获胜者在电视和杂志上都有一定的曝光率，也会接受电台采访，有些人甚至还有经纪人。

如今的竞争非常激烈，所以我现在也必须精心准备，刻苦训练。这不是因为我的记忆力变差了，而是因为竞争越来越激烈。越来越多的国家开始举办自己的记忆锦标赛，然后把最优秀的运动员派往英国争夺世界冠军（我打算在很长一段时间内保持住世界冠军这一地位）。

作为训练的一部分，我通常还会在比赛前的几个月开始调整我的身体。我认为这是我必须接受的训练。1991 年，我要做的就是休假一个星期，专门进行练习，为世界记忆锦标赛做准备，最后我赢得了冠军。然而，到了 2000 年，为了给自己再次赢得冠军的机会，我不得不提前拿出两个月的时间专门进行训练。

现在，竞争越来越激烈，所以我必须训练更长时间，必须训练得更刻苦。下面给出的是在那段艰苦的记忆训练期间，我每天的训练安排。

我早上 8 点醒来，要做的第一件事就是试着回想一下前一个晚上做的梦。这样做就是为了延续我的视觉想象。到了 9 点，做 5 分钟的热身运动。从9点5分开始，进行4英里①的越野跑。然后，在10点钟的时候，我会花10分钟使用脑电波平衡机。这是一种精密的光学和声学设备，有助于平衡我的大脑。

10点半，吃一顿清淡的早餐，但同时还要吃一片银舌提取物片剂，它有助于促进血液循环。11点，我通常会练习记忆一个1 000位数的数字。到11点半的时候，我会把我的大脑连接到脑电图仪上，进行大约一个小时的生物反馈疗法。

12点半，我将再做半小时的脑电图测试，同时练习视觉想象技巧，进行静思冥想。下午1点，我会吃点儿午饭，放松一下。下午2点，我可能会出去打一会儿高尔夫球，打一个完整回合或者快速地打半个回合。

傍晚6点，我会喝一杯鲜橙汁。在两个月的训练中，我会滴酒不沾。晚上7点，练习快速记忆纸牌。换句话说，我会尽可能快地浏览、记忆一副牌。晚上7点半，吃晚饭。晚上8点，利用虚拟现实电脑游戏进行大约一个小时的大脑训练。

到了晚上9点，我会用一个经过特殊设计的计算机程序处理随机出现的小数、单词、二进制数字和许多其他东西。到了晚上10点，我会放松一下，比如看看电影，然后，在凌晨1点左右，我会进入甜美的梦乡。

---

① 1英里≈1.609 3千米。——编者注

最后一项测试

是时候进行另一项测试了。这次我会给你一份名单，上面有 30 个名字。我们不采用突然死亡法，我只是想让你尽可能多地按顺序记住这些名字。利用所有你能用到的记忆手段，构思另一次旅行，或者使用之前的某一次旅行。到目前为止，你可能已经开发出了两三次旅行。记住，你准备好的旅行越多，你的存储空间就会越大。

同样，你可以让别人大声把名单读给你听，也可以录下自己的声音，然后回放。

仔细听每一个名字，通过名字让自己想到你认识的某个人或某个名人，并把此人与你准备好的记忆背景联系起来。当然，这次你的旅行需要包含 30 个阶段。

这 30 个名字分别是：

罗伯特，露西，卡罗琳，爱德华，莫妮卡，帕梅拉，吉姆，萨莉，鲁珀特，山姆，罗斯，贾德，莎朗，埃尔维斯，戴维，麦当娜，迈克，多米尼克，丽贝卡，艾伦，杰西，麦克斯，萨拉，亨利，克劳迪娅，彼得，珍妮，玛丽，查尔斯，伊丽莎白。

在这个过程中，你要一直思考，让自己融入这些形象。

前面我提醒过你，这些测试会很困难。我希望你在旅途中能够记住这些名字，所以你可以快速回顾一遍这些名字，或者让你的朋友把这些名字读给你听。完成这一过程之后，按顺序写下这些名字，并记下你的得分。

现在我要给你一份清单，上面有30个事物，我要让你把上面那些名字和与之对应的事物联系起来。

例如，当你回到第一个阶段时，你会在脑海中看到罗伯特。此时我提供给你的事物是蓝袜子，你必须想象罗伯特穿上蓝袜子或者用蓝袜子做什么事情的情景。每次听到描述，你都必须把人名和事物联系起来。明白我的意思了吗？

这30个事物分别是：

蓝袜子，杂志，麦克风，手榴弹，雪茄，网球拍，鼾声，钓鱼竿，锤子，篮球，望远镜，跳舞，橱窗中的模特，吹风机，汉堡，接吻，拳击手套，钢琴，绘画，歇斯底里，飞行，喝醉，口红，剧烈的噪声，纸牌游戏，吉他，皮大衣，麻醉剂，高尔夫球杆，烧烤。

下面给出的是名单及其对应的事物，可以根据它算一下你的得分。

罗伯特，蓝袜子　　麦当娜，接吻
露西，杂志　　　　迈克，拳击手套
卡罗琳，麦克风　　多米尼克，钢琴
爱德华，手榴弹　　丽贝卡，绘画
莫妮卡，雪茄　　　艾伦，歇斯底里
帕梅拉，网球拍　　杰西，飞行
吉姆，鼾声　　　　麦克斯，喝醉
萨莉，钓鱼竿　　　萨拉，口红

鲁珀特，锤子　　　　　　亨利，剧烈的噪声

山姆，篮球　　　　　　　克劳迪娅，纸牌游戏

罗斯，望远镜　　　　　　彼得，吉他

贾德，跳舞　　　　　　　珍妮，皮大衣

莎朗，橱窗中的模特　　　玛丽，麻醉剂

埃尔维斯，吹风机　　　　查尔斯，高尔夫球杆

戴维，汉堡　　　　　　　伊丽莎白，烧烤

我敢肯定，你在记忆这份清单的过程中一定玩得非常开心。

计算一下你的得分。如果你得到 5~10 分，你就属于这个测试的平均水平；如果得到 11~20 分，你就远远高于平均水平；如果得到 21~30 分，你就是天才，这说明你的想象力非常丰富。但是即使你分数很低，也别担心。坚持练习，你肯定会成功。

第 19 章

结语

恭喜你,你终于读完了本书!即使你的记忆能力只在某一个方面得到了提高(无论是提高了记忆名字或电话号码的能力,还是提高了记忆简单的购物清单的能力),你也不虚此行。在某一方面激活你的记忆会产生连锁反应,让你的思维更有条理,同时带来很多好处。

培养超强记忆能力的道路就摆在你面前。这不是一条专属通道,只有那些拥有特殊学习天赋的人才能进入。相反,任何人,只要长着大脑,就可以进入,当然,你也可以。

人所具有的记忆潜力是惊人的,因此你要利用自己的想象力(学习与记忆的关键因素)开发你的脑力,促使自己不断提高记忆速度;利用联想、定位和想象这三个不可分割的工具练习你刚学到的技能;利用数字形状,尤其是多米尼克系统,来帮助你消化和理解你需要知道的难以处理的事物,比如密码、电话号码、日期、统计数据、外语单词、纸牌、名字和面孔。一旦你知道如何将它们顺利地转换成丰富多彩、富有意义、难以忘记的形象，这些难题就都可以迅速被破解，所有信息都会被你记得清清楚楚。

当然，练习得越多，这些技能转化成第二天性的速度就会越快。我在本书中向你介绍的记忆技巧、系统和方法都来自多年的经验。它们对我帮助极大，如果没有它们，那么我肯定会寸步难行。这些记忆技巧、系统与方法是经过几十年的研究筛选出来的。它们现在是你的了，你可以充分利用它们。你会发现，使用它们，你不仅会享受牢固、高效的记忆带来的好处，还会产生一种永不满足的求知欲。也许，有朝一日，你会向我发起挑战，同我争夺世界记忆冠军的头衔。

祝你好运！